TRAITÉ

ÉLÉMENTAIRE

D'ARITHMÉTIQUE.

(PROPRIÉTÉ).

TRAITÉ

ÉLÉMENTAIRE

D'ARITHMÉTIQUE,

A L'USAGE

DES

ÉCOLES DES SŒURS DE L'INSTRUCTION CHRÉTIENNE.

VANNES.

IMPRIMERIE-LIBRAIRIE DE N. DE LAMARZELLE,

IMPRIMEUR DES FRÈRES ET DES SŒURS DE L'INSTRUCTION CHRÉTIENNE,
ET DES SŒURS DE LA SAGESSE.

—

1843.

TRAITÉ

ÉLÉMENTAIRE

D'ARITHMÉTIQUE,

A L'USAGE

DES ÉCOLES DES SOEURS DE L'INSTRUCTION CHRÉTIENNE.

NOTIONS PRÉLIMINAIRES.

1. L'*Arithmétique* est la science des nombres.

2. Un *nombre* est ce qui exprime de combien d'unités ou de parties d'unité une quantité est composée.

3. On appelle *quantité* tout ce qui est susceptible d'être augmenté ou diminué, comme le *poids* d'une chose, sa *valeur*, sa *longueur*, etc.

4. L'*unité* est elle-même une quantité qu'on prend pour comparer entre elles des quantités de même espèce. Quand je dis : Ce livre coûte deux francs, le franc est l'*unité*; je pourrais dire: Il coûte quarante sous, et le sou serait l'*unité*, c'est-à-dire le nom des quarante quantités semblables nommées sous, qui comparées et réunies font le prix du livre.

5. On appelle nombres *abstraits*, ceux qui n'expriment aucune espèce d'unité déterminée ; nombre *concrets*, ceux qui sont appliqués à des quantités déterminées; nombres *entiers*, ceux qui ne contiennent pas de subdivisions, et nombres *fractionnaires*, ceux qui contiennent des subdivisions; nombres *complexes*, ceux dont le système de décomposition n'est pas décimal, et dont les divisions respectives se rapportent à des unités différentes ; nombres *incomplexes*, ceux qui ne sont pas décomposés. Ex. : 6 — 12 grammes 25 centigrammes. — 5 jours, 4 heures, 3 minutes — 6 jours.

Le nombre 6 est *abstrait*, parce qu'il n'est appliqué à aucune espèce d'unité déterminée; *entier*, parce qu'il ne contient pas de subdivisions. Le nombre 12 grammes 25 centigrammes est *concret*, parce qu'il est appliqué à une espèce d'unité déterminée (gramme); *fractionnaire*, parce qu'il renferme des subdivisions. Le nombre 5 jours, etc., est *complexe*, parce que sa subdivision n'est pas décimale. Le nombre 6 jours est *incomplexe*, parce qu'il n'est pas composé de plusieurs espèces réductibles à une seule.

6. Les chiffres ont deux *valeurs*, l'une *absolue*, qui est celle qu'ils ont étant considérés seuls, et l'autre *relative*, qui est celle que leur donne le rang qu'ils occupent. Ainsi, dans 842, la valeur *absolue* du premier chiffre à gauche est 8, et sa valeur relative, 8 centaines d'unités ou 8 cents, parce qu'il est au troisième rang; la valeur *absolue* du second chiffre est 4, et sa valeur *relative* est 4 dizaines, parce qu'il est au second rang; le 2 n'a qu'une valeur *absolue*.

DE LA NUMÉRATION.

7. La *numération* est l'art de représenter les nombres et de les énoncer. *Représenter* un nombre, c'est l'écrire; *énoncer* un nombre, c'est en faire connaître la valeur.

8. Dans la numération actuelle, on se sert de dix caractères qu'on appelle *chiffres*, qui nous viennent des Arabes, savoir:

0, 1, 2, 3, 4, 5, 6, 7, 8, 9.

zéro, un, deux, trois, quatre, cinq, six, sept, huit, neuf.

9. Pour exprimer, au moyen de ces dix caractères, tous les nombres au-dessus de 9, on est convenu que de dix unités simples, on ferait une seule unité à laquelle on donnerait le nom de *dizaine*; que de dix dizaines on ferait une seule unité à laquelle on donnerait le nom de *centaine*; que de dix centaines on ferait une unité de *mille*, et ainsi de suite.

10. On est encore convenu qu'en allant de droite à gauche,

le premier chiffre représenterait des unités simples, le second des dizaines, le troisième des centaines, le quatrième
des mille, le cinquième des dizaines de mille, le sixième
des centaines de mille, le septième des millions, le huitième
des dizaines de millions, le neuvième des centaines de millions, le dixième des billions, et ainsi de suite, en reculant
vers la gauche.

11. Par exemple, si je voulais écrire *huit* unités
simples, j'écrirais.   8

12. Pour écrire *vingt-huit*, qui renferme *vingt*
ou *deux dizaines*, plus *huit*, j'écrirais.   28
en mettant le 2 qui exprime deux dizaines à la
deuxième place à gauche.

13. Pour écrire *trois cent vingt-huit*, qui exprime *trois cents* ou *trois centaines*, *vingt* ou *deux*
dizaines et *huit*, j'écrirais.   328
en mettant le 3 qui exprime des centaines à la
troisième place à gauche.

14. Pour écrire *quatre mille trois cent vingt-huit*,
qui exprime *quatre mille*, *trois centaines*, *deux*
dizaines et *huit unités*, je placerais le chiffre 4 qui
doit représenter les *mille* à la quatrième place à
gauche, et j'écrirais.   4328
Et ainsi de suite, en reculant vers la gauche.

15. Si je voulais écrire un nombre qui exprimât
seulement des *dizaines*, sans unités, par exemple,
vingt, d'après la convention dont j'ai parlé plus
haut (10), je poserais le chiffre 2 qui doit exprimer
les *dizaines*, à la deuxième place à gauche comme
ceci.   2
Puis, pour tenir la place des *unités*, je mettrais
un zéro à la droite du 2, comme ceci.   20

16. Si j'avais à exprimer deux *cents*, ou deux
centaines, sans dizaines et sans unités, je mettrais
le 2 à la troisième place à gauche, comme ceci. . .   2
Puis, pour tenir la place des dizaines et des
unités, je mettrais deux zéros à la droite du 2. . . .   200

17. D'après ce principe, pour écrire *quatre cent*
sept, je remarquerais que ce nombre renferme
quatre centaines, point de *dizaines* et *sept unités*.

Je placerais les *quatre centaines* à la troisième place à gauche..................................... 4

Je mettrais un zéro pour tenir la place des *dizaines*. 40

Enfin, je mettrais à la première place à droite, les sept unités, et j'aurais........................ 407

18. Remarquons cette propriété de la numération actuelle; savoir : *qu'un chiffre placé à la gauche d'un autre représente un nombre dix fois plus grand que s'il était à sa droite; que placé à la gauche de deux autres, il en représente un cent fois plus grand, et ainsi de suite.*

19. En sens inverse, la conséquence de ce principe est *qu'un chiffre placé à la droite d'un autre représente un nombre dix fois plus petit que celui qui est à sa gauche; que reculé de deux places vers la droite, il représente un nombre cent fois plus petit, et ainsi de suite.*

20. D'après le principe que nous avons donné (18), *pour rendre un nombre entier dix fois, cent fois plus grand, il faut le reculer d'une ou de deux places vers la gauche, et ajouter à sa suite un ou deux zéros.* **Par exemple**, le nombre. 1

Au lieu d'être une unité simple, deviendrait une dizaine, et s'écrirait ainsi......................... 10

Pour le rendre cent fois plus grand, on le reculerait de deux places, et en écrirait............... 100

21. *Pour rendre un nombre entier, dix fois, cent fois, etc. plus petit, il faut séparer sur sa droite, par une virgule, un, deux, etc. chiffres.*

Ainsi, pour rendre le nombre 214, dix, cent fois plus petit, je sépare d'abord un chiffre à droite, et j'ai 21,4, nombre dix fois plus petit que le premier, puisque les centaines sont devenues des dizaines; les dizaines, des unités, et les unités des dixièmes; puis, pour le rendre cent fois plus petit, je sépare deux chiffres et j'ai 2,14, nombre cent fois plus petit que le premier, puisque les centaines sont devenues des unités, les dizaines des dixièmes, et les unités des centièmes.

22. *Si l'on voulait rendre plus petit un nombre exprimé par un chiffre suivi de zéros, il suffirait d'effacer un zéro*

pour le rendre dix fois plus petit, et deux, pour le rendre cent fois plus petit, et ainsi de suite.

23. Remarquez qu'il y a une très-grande différence entre augmenter un nombre de *dix*, et le rendre *dix fois* plus grand : augmenter un nombre de *dix*, c'est ajouter seulement *dix unités* à ce nombre ; mais rendre un nombre *dix fois* plus grand, c'est répéter *dix fois* la valeur de ce même nombre.

Soit par exemple le nombre 15 francs ; en l'augmentant de *dix unités*, ou *dix francs*, on aura 25 *francs* ; mais pour le rendre *dix fois* plus grand, d'après ce que nous avons dit (20), on ajoutera un zéro à sa droite, et on aura 150 *francs*.

24. De la numération que nous venons d'exposer, et qui est purement de convention, il résulte qu'à mesure qu'on rétrograde de droite à gauche, les unités dont chaque nombre est composé sont *de dix en dix fois plus grandes* ; et qu'à mesure qu'on avance de gauche à droite, les unités sont *de dix en dix fois plus petites*.

25. Pour énoncer facilement un nombre composé de plusieurs chiffres, on partage par la pensée, ou réellement, par une virgule, le nombre proposé en tranches de trois chiffres, en commençant par la droite, et l'on donne à chaque tranche les noms suivants :

trillions,	billions,	millions,	mille,	unités.
904,	431,	412,	207,	918.

Le premier chiffre à droite, dans chaque tranche, exprime les *unités* de la tranche, le second les *dizaines*, le troisième les *centaines*.

On prononcera successivement chaque tranche comme si elle était seule, en ajoutant à la fin le nom de la tranche ; ainsi, pour énoncer le nombre ci-dessus, on dira : neuf cent quatre *trillions*, quatre cent trente-et-un *billions*, quatre cent douze *millions*, deux cent sept *mille*, neuf cent dix-huit *unités*.

DES NOMBRES DÉCIMAUX.

26. On appelle *décimales* des parties ou fractions de l'unité qui sont de dix en dix fois plus petites.

27. Pour bien comprendre la subdivision des *décimales*, il faut se figurer l'unité principale divisée en dix parties; une pomme, par exemple, coupée en dix morceaux; chacun de ces morceaux ne sera que la dixième partie de la pomme, qui est ici l'unité qu'on a choisie pour exemple, et on le nommera *dixième;* en réunissant les dix morceaux on reformera la pomme, ou l'unité; ainsi *une unité vaut dix dixièmes.* On peut également subdiviser chacun de ces morceaux en dix autres, et alors la pomme entière, ou l'unité, se trouvera divisée en dix fois dix morceaux, ou cent morceaux, que l'on appellera *centièmes;* et cependant, en réunissant ces cent morceaux, ou *centièmes,* on n'aurait que la seule et même pomme, ou l'unité; ainsi, *une unité vaut cent centièmes.*

On pourrait encore, par la pensée, supposer chacun de ces *centièmes* divisé en dix autres petits morceaux que l'on nommerait *millièmes;* nous avons dit que la pomme était composée de cent morceaux, ou cent centièmes; il y en aura maintenant dix fois cent ou mille, et cependant ces mille morceaux, ou *millièmes,* ne formeront toujours que la seule et même pomme. En continuant de subdiviser ainsi de dix en dix, on formera de nouvelles unités que l'on nommera successivement des *dix-millièmes, cent-millièmes, millionièmes, dix-millionièmes, cent-millionièmes, billionièmes,* etc.

28. On représente les nombres *décimaux* par les mêmes chiffres que les unités simples, et comme les dixièmes sont dix fois plus petits que les unités simples, on les place à la droite de celles-ci, et pour ne point les confondre avec elles, on les en sépare par une virgule; ainsi, pour marquer *trois unités* et *cinq dixièmes,* on écrira: 3,5; les centièmes se placent à la droite des dixièmes, les autres nombres décimaux se placent dans des rangs de plus en plus avancés sur la droite de la virgule.

29. Si l'on n'avait que des *décimales* à écrire, alors il faudrait mettre un zéro à la place des unités ; ainsi, pour marquer *cent vingt-cinq millièmes*, on écrirait 0,125. Si l'on voulait marquer *vingt-cinq millièmes*, on écrirait 0,025, en mettant un zéro entre la virgule et les autres chiffres, tant pour marquer qu'il n'y a point de *dixièmes*, que pour donner aux parties suivantes leur juste valeur. Par la même raison, pour écrire *six dix-millièmes*, on écrirait 0,0006.

30. Pour énoncer les nombres *décimaux*, on lit d'abord les nombres placés à la gauche de la virgule, puis les décimales placées à la droite, en ajoutant à la fin le nom des décimales de la dernière espèce ; ainsi, pour énoncer ce nombre 15, 35 , on dirait : *quinze unités, trente-cinq centièmes*.

31. On change la valeur des *décimales* en changeant la place de la virgule. On rend le nombre plus grand en avançant la virgule vers la droite, et on le rend plus petit en reculant la virgule vers la gauche.

32. D'après ce principe, *pour rendre un nombre dix, cent, mille, etc. fois plus grand, on avance la virgule d'une, deux, trois, etc. places vers la droite*. Ainsi, pour rendre 24,25 dix fois plus grand, j'écris 242,5 ; il est évident que ce dernier nombre est dix fois plus grand que le premier, puisque les dixièmes sont devenus des unités, etc.

33. *Pour rendre un nombre décimal dix, cent, mille, etc. fois plus petit, on recule la virgule d'une, deux, trois, etc. places vers la gauche*. Ainsi, pour rendre 24,25 cent fois plus petit, je recule la virgule de deux places vers la gauche, et j'ai 0,2425, nombre cent fois plus petit que le premier, puisque les unités sont devenues des centièmes, etc.

34. Si le nombre à diminuer n'avait pas assez de chiffres à gauche pour qu'on pût les réduire à la valeur demandée, on placerait à sa gauche autant de zéros qu'il serait nécessaire pour effectuer l'opération.

Par exemple on veut rendre le nombre 8,5 mille fois plus petit ; comme il n'y a qu'un chiffre à gauche de la virgule, et qu'il faut que je la recule de trois places, je fais précéder ce nombre de trois zéros, dont un pour tenir la place des unités, et j'ai 0,0085, nombre évidemment mille fois plus petit que le premier, puisque les unités sont devenues des millièmes.

35. *On ne change point la valeur d'un nombre décimal, en mettant à sa suite autant de zéros qu'on voudra.*

En effet, si l'on met un zéro, par exemple, à la droite d'une quantité décimale, on rend dix fois plus grand le nombre des unités décimales de la plus petite espèce; mais ces unités sont dix fois plus petites; en mettant deux zéros, la quantité contient cent fois plus de parties, mais elles sont cent fois plus petites, donc il y a compensation, et il n'y a de changé que l'expression du nombre.

EXERCICES SUR LA NUMÉRATION.

1. Enoncer chiffre à chiffre, en commençant par la gauche, les nombres suivants : 11... 14... 17... 19... 20... 22... 33... 35... 47... 53... 65... 75... 76... 95... 102... 110... 133... 177... 296... 1432... 1505... 24205... 901145... 6780740.

2. Enoncer en unités, dizaines, centaines, mille, les nombres suivants : 425... 700... 500... 910... 102... 415... 920... 730... 214... 666... 999... 778... 444... 550... 1040... 7560... 9095... 7791... 21034... 42101... 70730.

3. Enoncer en unités, dizaines, centaines, mille, dizaines de mille, centaines de mille, millions, les nombres 4205... 83417... 7023... 33009... 30110... 60000... 90001... 84754238... 900300... 4157021... 200120407.

4. Enoncer en unités, centaines, mille, centaines de mille, millions, dizaines de millions, billions, les nombres 7004708...809470...40189200...20671204...90000401... 478999449... 7788112470.

5. Poser dix, douze, seize, dix-huit, dix-neuf, vingt-trois, vingt-cinq, trente-sept, soixante-neuf, cinquante-cinq, soixante-quatorze, soixante-douze, soixante-seize, soixante-dix-neuf, quatre-vingt-sept, soixante-treize, quatre-vingt-onze, quatre-vingt-dix, quatre-vingt-quinze, quatre-vingt-cinq, quatre-vingt-dix-neuf.

6. Poser cent, cent trois, cent un, cent onze, cent

soixante, cent quatre-vingt-quatorze, deux cents, deux cent huit, deux cent dix-neuf, deux cent soixante-et-un, deux cent soixante-dix-huit, trois cent neuf.

7. Poser huit cent dix ;.. huit cent un ;.. cent huit ;.. deux mille trois cent vingt-cinq ;.. deux mille vingt-cinq ;.. sept cent dix-sept ;.. mille quatre cent douze ;... mille deux ;.. quatre mille deux cent quinze.

8. Poser dix-sept mille quatre cent dix ;.. deux mille sept cent quarante-trois ;.. neuf mille six cent vingt-et-un ;.. six mille douze ;.. quatorze mille sept ;.. vingt-huit mille cent vingt-quatre ;.. cent quatre-vingt-dix-sept mille cent quatre-vingt-sept.

9. Poser cent deux mille neuf cents ;.. cent mille trois cent quatre ;.. trente mille cinq cent soixante ;.. cinq cent quatre-vingt-un mille cinq ;.. un million deux cent quarante-huit mille trois cent soixante-cinq.

10. Poser dix millions deux cent trois mille ;.. quatre millions cinq cent un mille trois cent vingt-neuf ;.. quatre cent un mille deux ;.. huit cent vingt-trois mille quatorze ;.. six millions quarante-neuf mille quatorze.

11. Poser trois millions cent vingt-cinq mille quarante-cinq unités ;.. deux cent un millions trente-sept unités ;.. sept cent millions sept mille sept unités ;.. quinze millions trente unités ;.. cent quatre millions quarante-neuf mille sept cent huit unités.

12. Poser quatre billions deux cent deux millions dix-neuf mille cent trente-et-une unités ;.. vingt-et-un billions quatre cent trois millions cent vingt-sept mille sept cent quatre unités ;.. trente-six billions ;.. dix-sept billions quatre millions vingt-trois unités ;.. quatre billions neuf millions dix-sept mille deux unités.

13. Énoncer chiffre à chiffre 41,25... 27,42... 5,415... 2102,149... 1211,9555... 7715,0236... 868,1008... 90001,00371... 0,10101... 260,81510.

14. Énoncer en unités, dixièmes, centièmes, millièmes, dix-millièmes. 10,251... 27,89... 5,897... 7,6094... 0,7153... 0,0341... 0,0024... 47,1400... 0,0009.

15. Écrire vingt-cinq unités quatre dixièmes ;.. trente-six unités neuf dixièmes ;.. quinze unités ;.. trois dixièmes et quatre centièmes.

16. Ecrire vingt-cinq francs et trois décimes;.. cinquante-deux francs et trente-quatre centimes;.. quinze francs cinq centimes.

17. Ecrire quinze francs cinq décimes ;.. quinze francs cinquante-cinq centimes;.. dix-sept francs cinquante centimes;.. quinze cents francs cinquante centimes;.. quinze cent un franc cinq centimes.

18. Poser trois mètres et cinq décimètres;.. trente mètres et cinquante centimètres;... trois cents mètres et vingt-cinq centimètres;.. trois cents mètres et cinq centimètres.

19. Poser point de francs, mais vingt-cinq centimes;.. zéro francs cinquante centimes;.. zéro unités sept dixièmès;.. zéro unités et cinquante-et-un centièmes;.. une unité et cent vingt-cinq millièmes;.. une unité et cinq millièmes.

20. Poser dix millions dix mille dix unités quarante-cinq millièmes et un dix-millième;.. cent onze unités douze millièmes.

21. Poser trois mille vingt-quatre mètres;.. huit millimètres et trois dix-millimètres;.. dix-sept mètres quatre décimètres et trois millimètres.

22. Poser trois millions vingt-quatre mille cent quinze unités trois cent un millièmes et deux dix-millièmes;.. cent unités cent soixante millièmes;.. quatre cent treize dix-millièmes;.. deux cent huit centièmes.

23. Ecrire huit mille trois cent neuf dixièmes ;.. quarante-deux millièmes;.. sept cent cinq unités mille quatre cent seize dix-millièmes;.. deux cent dix centièmes.

24. Ecrire le nombre deux : le rendre dix fois, cent fois, mille fois, dix mille fois plus grand.

25. Ecrire trois mille quatre cent vingt-deux : rendre ce nombre cent fois plus grand; puis rendre le nombre total dix fois, puis mille fois plus petit.

26. Expliquer à quoi servent les zéros dans les nombres suivants : trois cents;.. trois cent quatre;.. trois mille quatorze;.. cent mille neuf cent trois;.. deux cent dix mille trois cent dix.

27. Ecrire deux mille quatre-vingt-sept : rendre ce nombre cent fois plus grand; puis, rendre le nombre total dix fois plus petit; puis, rendre le premier nombre deux mille quatre-vingt-sept, cent fois plus petit.

28. Ecrire un franc et vingt-cinq centimes: rendre ce

nombre dix fois plus grand, cent fois plus grand, mille fois plus grand.

28 *bis*. Ecrire cent francs : rendre ce nombre cent fois plus petit; puis, rendre ce reste dix fois plus petit.

29. Ecrire cinq décimes : rendre ce nombre dix fois plus petit.

30. Ecrire cinquante francs : rendre ce nombre cent fois plus petit; puis ensuite, rendre ce second nombre mille fois plus grand.

31. Je n'ai en main que cinq centimes; je souhaiterais avoir dix mille fois plus : combien aurais-je?

32. Ecrire vingt-cinq dixièmes, en mettant à la droite de ce nombre deux zéros : de combien sera-t-il devenu plus petit ou plus grand?

33. Ecrire trente-six francs : je voudrais ensuite que ce nombre exprimât trente-six centimes.

34. Ecrire quarante-trois ; je voudrais que le trois exprimât des dixièmes, et le quatre des unités?

35. Ecrire cinquante francs; je voudrais réduire le nombre à cinq francs en posant la virgule comme pour les décimales : qu'exprimera alors le zéro?

36. Ecrire cinquante francs, et les réduire à cinquante centimes : combien de fois le nombre sera-t-il devenu plus petit?

37. Ecrire vingt-cinq : je voudrais que le deux exprimât des unités, et le cinq des millièmes.

38. Ecrire cent francs quinze centimes : faire ensuite de ce nombre dix mille quinze francs; puis ensuite, mille un francs cinq décimes.

39. Ecrire quinze : en faire çent cinq; puis, mille cinquante; puis, dix mille cinq cents.

40. Ecrire dix-neuf centaines; en faire dix-neuf unités : combien de fois ce nombre sera-t-il devenu plus petit?

41. Quelle différence y a-t-il entre douze centaines et douze cents?

42. Rendre le nombre 632 cent mille fois plus petit.

43. Rendre le nombre 7,24 dix mille fois plus grand.

44. Rendre le nombre 146,005 dix, cent, un million de fois plus grand.

45. Rendre le nombre 240000 dix mille fois plus petit.

DES OPÉRATIONS DE L'ARITHMÉTIQUE ET DES SIGNES ABRÉVIATIFS.

36. Le but de l'Arithmétique est de donner des moyens de calculer facilement les nombres. Ces moyens consistent à réduire le calcul des nombres les plus composés à celui des nombres plus simples, ou exprimés par le plus petit nombre de chiffres possible.

37. Les divers changemens que l'on fait subir aux nombres pour les composer ou décomposer, s'appellent *Opérations de l'Arithmétique*. Il y en a quatre fondamentales, savoir : l'*addition*, la *soustraction*, la *multiplication* et la *division* : l'*addition* et la *multiplication* servent à composer les nombres ; la *soustraction* et la *division*, à les décomposer.

38. On les appelle *fondamentales*, parce que les autres opérations, même les plus compliquées, ne sont que la combinaison de celles-là.

39. Les quatre opérations fondamentales pourraient même, rigoureusement, être réduites à l'*addition* et à la *soustraction*.

40. Toute proposition qui renferme une question à résoudre ou une vérité à découvrir se nomme *problème*.

41. En général, la résolution d'un problème exige deux choses : la *solution* et le *calcul*.

42. La *solution* d'un problème est l'expression du raisonnement qui indique les opérations à faire pour remplir les conditions énoncées.

43. Le *calcul* est l'exécution des opérations indiquées par une solution.

44. Les signes employés pour le calcul, sont : 1°. $+$ qui indique l'addition, et se prononce *plus*.

Au lieu d'écrire 6 plus 8, on écrit $6+8$.

2°. $-$ qui indique la soustraction, et se prononce *moins*.

Au lieu d'écrire 4 moins 2, on écrit $4-2$.

3°. $\times$ qui indique la multiplication, et se prononce *multiplié par*.

Au lieu d'écrire 5 multiplié par 7, on écrit 5×7.

4°. $\frac{12}{4}$ ou $12 \gg 4$ qui indique la division, et se prononce *divisé par.*

Au lieu d'écrire 12 divisé par 4, on écrit $\frac{12}{4}$ ou $12 \gg 4$.

La partie aiguë du dernier signe indique le diviseur, et l'autre le dividende.

5°. $=$ qui marque que le nombre placé à gauche est égal au nombre placé à droite, et se prononce *est égal à.*

Au lieu d'écrire $5 + 7$ est égal à 12, on écrit $5 + 7 = 12$.

DE L'ADDITION.

45. L'*addition* est une opération par laquelle on réunit plusieurs nombres de même espèce pour en former un seul qu'on appelle *somme* ou *total.*

46. On entend par quantités de même espèce celles qui portent le même nom. On peut additionner des francs avec des francs, des mètres avec des mètres, etc. ; mais on n'additionne pas des mètres avec des grammes, des stères avec des litres, etc.

47. Quand les nombres qu'on se propose d'ajouter sont simples, on n'a pas besoin de règle, on les additionne de mémoire, ainsi qu'il suit :

$$4 + 2 + 6 + 8 + 9 + 7 + 5 + 4 + 2 = 47$$

en disant : 4 et 2 font 6, et 6 font 12, et 8 font 20, et 9 font 29, et 7 font 36, et 5 font 41, et 4 font 45, et 2 font 47.

48. Quand les nombres sont composés, il faut les écrire les uns sous les autres, de manière que les unités soient sous les unités, les dizaines sous les dizaines, les centaines sous les centaines, etc. Et après avoir souligné le tout, on additionne, en commençant par la première colonne à droite, afin de porter les dizaines qui proviendraient de l'addition des unités, à la colonne des dizaines, et les centaines qui proviendraient de la colonne des dizaines, à la colonne des centaines, ainsi de suite.

49. Si la somme des unités ne passe pas neuf, on l'écrit toute entière sous la colonne des unités ; si elle renferme des dizaines, on pose seulement les unités, et l'on retient les dizaines pour les porter à la colonne suivante, que l'on additionne en suivant les mêmes principes, et on continue ainsi, de colonne en colonne, jusqu'à la dernière, au-dessous de laquelle on écrit la somme telle qu'on la trouve. On a alors, au-dessous de la barre, le *total* ou la *somme* des nombres proposés.

Exemple 1ᵉʳ.

Un homme a reçu les sommes suivantes : 257 fr., 584 fr. et 624 fr. : combien a-t-il reçu en tout ?

$$
\begin{array}{r}
257 \\
584 \\
624 \\
\hline
1465
\end{array}
$$

Après avoir posé les nombres, je commence par les unités, en disant : 7 et 4 font 11, et 4 font 15 ; en 15 il y a une dizaine et 5 unités ; je pose les 5 unités, et retiens la dizaine pour la joindre à la colonne des dizaines. Passant à cette colonne, je dis : 1 de retenu et 5 font 6, et 8 font 14, et 2 font 16 ; ce nombre 16 exprime des dizaines ; or, dans 16 dizaines il y a 6 dizaines et une centaine, je pose 6 sous les dizaines, et je retiens une centaine. Enfin, passant à la troisième colonne, je dis : 1 de retenu et 2 font 3, et 5 font 8, et 6 font 14 ; dans 14 centaines, il y a 4 centaines et un mille ; mais comme il n'y a pas de colonne de mille sur laquelle je puisse le reporter, j'écris 14, et je trouve que les trois sommes reçues par cet homme font un total de 1465 fr.

50. On suit pour l'addition des nombres *complexes* les principes donnés pour celle des nombres *entiers*. Mais comme il y a plusieurs sortes de nombres complexes, il importe de connaître la subdivision de l'unité sur laquelle on veut opérer, afin qu'en additionnant les colonnes des unités inférieures, on puisse savoir le nombre d'unités appartenant à la colonne des unités immédiatement supérieures.

Par exemple, si l'on voulait additionner des nombres composés d'années, de mois, de jours, on devrait savoir que l'an se compose de 12 mois, le mois de 30 jours, le jour de 24 heures, l'heure de 60 minutes.

Exemple 2.

Un homme a 76 ans 9 mois 25 jours 16 heures 54 minutes; sa femme, 84 ans 10 mois 24 jours 12 heures 55 minutes: on demande quel âge ils font ensemble?

76 ans	9 mois	25 jours	16 heures	54 minutes.
84	10	24	12	55
161	8	20	5	49

Je commence cette addition par les minutes, en disant : 4 et 5 font 9, que je pose sous les unités de minutes; puis, passant aux dizaines, je dis : 5 et 5 font 10 ; en dix dizaines de minutes, il y a 1 heure, et il reste 4 dizaines, que je pose ; 1 heure de retenue et 6 font 7, et 2 font 9 (1), et 10 font 19, et 10 font 29 ; en 29 heures il y a un jour, et il reste 5, que je pose ; 1 jour de retenu et 5 font 6, et 4 font 10 ; je pose o et passe aux dizaines, 1 de retenu et 2 font 3, et 2 font 5 ; en 5 dizaines de jours, il y a 1 mois, et il reste 2, que je pose ; 1 mois de retenu et 9 font 10, et 10 font 20 ; en 20 mois il y a 1 an, et il reste 8 mois, que je pose ; 1 de retenu et 6 font 7, et 4 font 11 ; je pose l'an et retiens la dizaine ; une dizaine de retenue et 7 font 8, et 8 font 16, que je pose.

51. La subdivision des décimales se faisant de dix en dix, l'addition de leurs parties se fait absolument comme celle des nombres entiers, sans faire attention à la virgule, et lorsque l'opération est faite, on sépare sur la droite de la somme, autant de chiffres décimaux qu'il y en a dans le nombre qui en avait le plus parmi ceux qu'on a additionnés.

---

(1) Il faut observer qu'on ne doit point poser les unités avant d'avoir additionné les dizaines, lorsque l'unité immédiatement supérieure ne se forme pas d'un certain nombre de dizaines justes.

Exercices sur l'Addition.

46. Un berger a trois troupeaux : dans le 1er, il y a cent quatre moutons ; dans le 2e, il y en a deux mille quatre ; et dans le 3e, quatre cent onze : combien y a-t-il de moutons en tout ?

47. Un jardinier a semé : le 1er jour, deux mille vingt-cinq choux ; le 2e, neuf cent trois ; le 3e jour, quatre mille cinquante ; le 4e, dix-neuf cents : combien aura-t-il de choux en tout ?

48. Un homme a vécu sept mille trois cent vingt-quatre jours ; un autre, cinq mille soixante-trois jours ; un 3e, vingt-cinq mille quatre cent cinquante : quelle sera la somme de ces jours réunis ?

49. Un sac contient 10 mille neuf cent soixante-quatre grains de blé ; un 2e, sept mille six cent quatre-vingt-neuf ; un 3e, 9 mille quatre-vingt-sept ; un 4e, 6 mille six cent soixante-six : combien en tout y aura-t-il de grains de blé ?

50. Un fabricant a commandé 997 mille cinq cents aiguilles ; il en avait déjà 39 mille six cent quarante-neuf ; un autre marchand lui en a apporté 87 mille trois cent quatre : combien en aura-t-il en tout dans sa fabrique ?

51. Un cloutier a fait faire, dans une année, 369 mille six cent cinquante-sept clous ; un autre en a fait faire 428 mille neuf cent dix-neuf ; un troisième, 58 mille sept cent soixante-dix-neuf ; un quatrième, 108 mille huit cent quatre-vingt-huit : on demande combien cela fait de clous en tout ?

52. Au ministère de la guerre, 39 millions sept cent quatre mille huit cent soixante-neuf francs ont été alloués pour la cavalerie ; 99 millions cinq cent quatre-vingt-huit mille neuf cent onze francs, pour l'infanterie ; 8 millions quarante-huit mille francs, pour l'artillerie : on demande combien il en a coûté en tout ?

53. J'ai acheté une métairie 19 mille quatre-vingt-sept francs ; je voudrais gagner en la revendant, quinze cent trente-sept francs : combien faudrait-il la revendre ?

54. La population de la Loire-Inférieure est de 477 mille

cent soixante-huit habitans ; celle d'Ille-et-Vilaine, de 547 mille deux cent quarante-neuf; celle de Maine-et-Loire est de 477 mille deux cent soixante-dix habitans ; celle du Morbihan, de 449 mille sept cent quarante-trois habitans; celle des Côtes-du-Nord, de 605 mille cinq cent soixante-trois habitans ; celle de la Vendée, de 341 mille trois cent douze habitans : quelle est la somme des habitans de ces 6 départements ?

55. Un auteur dit que la consommation à Paris est de 75 mille bœufs ; 15 mille quatre cent cinquante vaches ; 103 mille quatre-vingt-sept veaux ; 229 mille quarante-huit moutons ; 553 mille trois cent soixante-quinze porcs : combien cela fait-il en tout de têtes de bétail ?

56. On dit que la population de Paris est de 909 mille 126 habitans ; celle de Bordeaux de 98 mille sept cent cinq ; celle de Lyon, de 140 mille deux cents ; celle de Nantes, de 77 mille 139 : on demande quelle est la somme des habitans de ces quatre villes ?

57. Cinq banquiers ont fait société : le 1er a mis un million 67 mille quatre cents francs ; le 2e, 629 mille 57 francs ; le 3e, 300 mille 69 francs ; le 4e, 938 mille 40 francs ; le 5e, deux cent mille 340 francs : on demande quelle est la somme des mises ?

58. Un fermier a fait semer dix mille quatre-vingt-neuf glands ; vingt-sept mille deux cent quarante châtaignes, et 63 mille dix-sept pepins de pommiers et de poiriers : on demande combien en tout il devra avoir de pieds d'arbres ?

59. Un entrepreneur a quatre carrières : il a fait tirer dans la première 502 mille cinquante ardoises ; dans la seconde, trois cent mille quatre-vingt-dix ; dans la troisième, 220 mille deux cents, et dans la quatrième, 600 mille quatre-vingt-dix-sept : on demande combien il y a d'ardoises en tout ?

60. Un marchand de mottes à brûler, a fait charger quatre chaloupes : la 1re contient cent mille trois cent vingt mottes ; la 2e, deux cent milliers ; la 3e, 157 milliers vingt-huit ; la 4e, 170 milliers quarante mottes : quelle est la somme des mottes des quatre chaloupes ?

61. Un fermier a vendu trois mille quatre-vingts pommes de reinette ; dix mille deux cent sept pommes dites de mar-

trange, et trente mille quarante-huit de diverses espèces : combien y avait-il de pommes en tout ?

62. Un maître de maison a dépensé en trois ans douze mille vingt-sept francs pour nourriture ; il a donné pour ses domestiques dix-huit cent neuf francs ; pour ses enfans, deux mille sept cents francs ; aux pauvres, six cents francs ; il lui reste encore dix-sept cents francs : combien avait-il en tout ?

63. Une servante a acheté pour vingt-sept francs qua-rante-sept centimes de viande ; pour douze francs trente-cinq centimes de poisson, et pour quinze francs vingt-cinq centimes de pain : on demande à quelle somme monte sa dépense ?

64. Additionnez les quatre nombres suivants : cent vingt-sept unités et trois cent quarante-cinq millièmes ; deux cent dix unités et trente-cinq millièmes ; neuf mille vingt-cinq unités et six centièmes ; enfin, dix unités et neuf millièmes : quelle sera la somme totale ?

65. Un receveur général a reçu : le Lundi, vingt mille francs quarante centimes ; le Mardi, quatre-vingt mille francs quinze centimes ; le Mercredi, soixante-dix-huit mille francs neuf centimes ; le Jeudi, onze mille francs douze centimes ; le Vendredi, cent quinze francs quinze centimes ; le Samedi, cent cinquante mille francs cinquante centimes : on demande quelle a été la recette de la se-maine ?

66. Un pauvre a reçu cinq centimes, plus un franc dix centimes, plus sept centimes, et enfin deux francs soixante-quinze centimes : combien a-t-il reçu en tout ?

67. On demande à un voyageur dans une auberge, cin-quante francs et quarante centimes pour ses chevaux ; dix francs et quatre décimes pour sa nourriture ; enfin, trois francs et quarante-cinq centimes pour son domestique : combien aura-t-il à payer ?

68. Un économe a acheté pour deux cent neuf francs quarante-cinq centimes de pommes de terre ; pour neuf mille quarante-cinq francs quarante-cinq centimes de fro-ment ; pour six mille cinq francs cinq centimes de vin ; pour six cents francs et cinq décimes de beurre : on demande la somme de sa dépense ?

69. Un ouvrier a fait marché pour un ouvrage qu'il doit faire en trois jours et onze heures; un autre doit livrer le sien dans quatre jours et six heures; un troisième, dans cinq jours et quinze heures; un quatrième, dans huit jours et treize heures: on demande combien de temps sera employé pour ces divers ouvrages?

70. Une marchande de fruits en a vendu dans sa journée: pommes, pour quinze francs seize centimes; poires, neuf francs quarante-quatre centimes; prunes, huit francs dix-neuf centimes; abricots, six francs sept centimes: combien d'argent doit-elle avoir le soir?

71. Une montre marche, sans avoir besoin d'être montée, un jour trois heures; une autre, deux jours et dix-huit heures; une horloge marche pendant douze jours et vingt heures; enfin, une autre, pendant quinze jours et dix-huit heures: quelle est la durée de ces divers temps réunis?

72. Une montre a coûté chez un horloger quarante-neuf francs soixante-quinze centimes; une autre, cent huit francs neuf décimes; une pendule a coûté trois cent quatre francs neuf centimes; et une dernière, quatre cents francs dix centimes: combien en tout a-t-on donné d'argent?

73. Comment écrirez-vous quinze décimes, cent centimes, et quatre centimes? Quelle somme donneraient ces trois nombres?

74. Ecrivez les nombres suivans: 1°. deux millions deux cent deux mille; 2°. cent un millions cent quatre unités; 3°. trois mille quarante; 4°. onze cents: quelle somme donnent ces quatre nombres?

75. On a compté le nombre de lettres contenues dans les pages de divers volumes: le premier, dans dix pages, contenait quinze mille dix-sept lettres; le deuxième, 17 mille huit cent soixante; le troisième, vingt mille quarante-neuf; et le quatrième, huit mille cent dix-neuf: combien y en avait-il en tout?

76. Dans une usine (établissement pour fondre le fer et le forger), on sait qu'un des gros marteaux de forge frappe 36 mille cent vingt coups par jour; un autre, 34 mille huit cent douze; un troisième, 21 mille six cents; un quatrième, 18 mille: combien de coups en tout auront été frappés par ces quatre marteaux à la fin de la journée?

77. Une marchande de pommes en a porté dans un établissement sept mille deux cent cinq ; elle en a cédé à une voisine dix-neuf cent dix ; elle en a vendu au marché cinq cent quatorze ; il lui en reste encore quatre cent neuf : combien en avait-elle en tout ?

78. Une personne qui est née le 6 mars 1790, à 8 heures du matin, est morte à l'âge de 56 ans 7 mois 18 jours : quelle est l'époque de sa mort ?

79. Quelle est la population de toute la terre sachant que l'Europe a 235 millions d'habitants ; l'Asie, 390 millions ; l'Afrique, 60 millions ; l'Amérique, 39 millions, et l'Océanie, 21 millions ?

80. Ma montre marque 8 heures 49 minutes ; elle retarde de 27 minutes 40 secondes : quelle heure est-il ?

Un homme a 52 ans 8 mois 15 jours ; sa femme a 48 ans, 9 mois 14 jours 8 heures ; leur fils aîné a 24 ans, 8 mois 15 jours 17 heures : quel âge ces trois personnes font-elles ensemble ?

DE LA SOUSTRACTION.

52. La *Soustraction* est une opération par laquelle on retranche un nombre d'un autre, de même espèce, pour savoir de combien le plus grand surpasse le plus petit. Le résultat se nomme *reste*, *excès* ou *différence*.

53. Pour faire cette opération, on écrit le plus petit nombre, qui est celui qu'on veut retrancher, sous le plus grand, les unités sous les unités, les dizaines sous les dizaines, et ayant souligné le tout, on retranche, en commençant par la première colonne à droite, chaque nombre inférieur de son correspondant supérieur ; on écrit ce qui reste au-dessous, et zéro lorsqu'il ne reste rien. Lorsque le chiffre inférieur se trouve plus fort que son correspondant supérieur, on augmente celui-ci de dix unités que l'on emprunte au premier chiffre significatif à gauche ; alors, dans la suite de l'opération, on regarde ce chiffre comme moindre d'une unité, et s'il se trouve des zéros intermédiaires, on les compte pour 9. Quand on a ainsi opéré jusqu'à la dernière colonne inclusivement, on a, au-dessous de la barre, la différence des deux nombres.

Exemple 3.

Un particulier avait une somme de 757 fr.; on lui a volé 365 fr. : combien lui est-il resté ?

$$
\begin{array}{r}
757 \\
365 \\
\hline
\end{array}
$$

Il lui est resté 392 fr.

Commençant par la droite, je dis : 5 ôté de 7, il reste 2, que j'écris au-dessous ; puis, passant aux dizaines, je vois que je ne puis ôter 6 de 5 ; j'emprunte une unité sur le 7 de la colonne des centaines ; cette centaine vaut dix dizaines, qui. ajoutées aux cinq autres, font 15, et je dis : 6 ôté de 15, il reste 9 ; enfin, passant aux centaines, je ne dirai pas 3 ôté de 7, puisque j'ai pris une unité sur ce 7, mais 3 ôté de 6, il reste 3, que j'écris ; et je vois que le résultat de cette opération est 392 fr.

Exemple 4.

Un charpentier a acheté pour 2004 fr. de bois, il a payé comptant 897 fr. : on veut savoir combien il lui reste à payer ?

$$
\begin{array}{r}
2004 \\
897 \\
\hline
\end{array}
$$

Il lui reste à payer 1107 fr.

Je vois de suite que je ne puis ôter 7 de 4, mais je vois aussi que je ne puis emprunter aux zéros de la colonne des dizaines et de celle des centaines. Je passe donc jusqu'au 2 ; or, cette unité est une unité de mille, comparée à celles que représente le chiffre 4 ; de ces mille unités, j'en laisse 900 ou 9 centaines sur le zéro de la colonne des centaines ; il me reste encore 100 unités, j'en laisse 90 ou 9 dizaines sur le zéro de la colonne des dizaines ; il ne me reste plus alors que 10 unités, lesquelles étant ajoutées aux 4, font 14, et je dis : 7 ôté de 14, il reste 7. Passant à la colonne des dizaines, je me rappelle que j'y ai laissé 9 dizaines ; et je dis : 9 ôté de 9, il ne reste rien, et j'écris zéro au-dessous. Je me rappelle également que j'ai laissé 9 centaines sur le zéro de la colonne des centaines, et je dis : 8 ôté de 9, il reste 1. Enfin, passant à la colonne des mille, je me rappelle que j'ai emprunté une unité de mille sur le 2, qui, par conséquent, ne vaut plus que 1, et comme il n'y a rien à retrancher, j'écris 1 au-dessous, et je vois que cet homme aura encore à payer 1107 fr.

Remarque. Dans la pratique, on suit ordinairement la méthode suivante : Après avoir établi pour principe, qu'on peut dans le courant d'une *Soustraction*, ajouter au plus grand nombre un nombre quelconque, pourvu que dans la suite on trouve moyen d'ajouter autant au plus petit (1), je procèderais ainsi qu'il suit pour l'opération déjà faite à l'exemple 3.

Commençant par la première colonne à droite, je dis : 5 ôté de 7, il reste 2. Passant ensuite à la colonne des dizaines, je dis : 6 ôté de 5 ne se peut ; d'après le principe, j'ajoute dix dizaines au chiffre 5, ce qui donne 15 ; je retranche 6 de 15, et je pose le reste 9 sous la colonne des dizaines. Mais je dois augmenter d'une centaine le plus petit nombre, puisque j'ai ajouté dix dizaines au plus grand, et pour cela je suppose qu'il y ait quatre centaines au lieu de 3 dans le nombre 365. Je dis donc : 4 ôté de 7, il reste 3 ; de sorte que la différence entre 757 et 365 est toujours 392.

Cette méthode offrant plus de facilité que la méthode d'emprunt, surtout pour la division, devra être la seule suivie pour cette dernière opération.

54. On suit pour la Soustraction des nombres *complexes* les principes donnés pour celle des nombres entiers, observant, lorsqu'on emprunte ; de réduire l'unité en même espèce que celle pour laquelle on fait l'emprunt.

Exemple 5.

De 74ans	11mois	15jours	16heures	54minutes
Otez 22	8	20	22	48
Reste 52ans	2mois	24jours	18heures	06minutes

---

(1) Il est facile de comprendre qu'on ne change point la différence qui existe entre deux nombres en leur faisant subir la même augmentation.

Comme je ne puis ôter 8 minutes de 4, j'emprunte une dizaine de minutes, qui, jointe à 4, donne 14, et je dis : 8 ôté de 14, il reste 6 que j'écris au-dessous ; puis, passant aux dizaines, je ne dirai pas 4 ôté de 5, puisque j'ai pris une unité sur le 5, mais 4 ôté de 4, il reste o. Aux heures, je dis : je ne puis ôter 22 de 16, j'emprunte 1 jour qui vaut 24 heures, lesquelles, jointes à 16, font 40 ; de ce nombre, j'ôte 22, et j'ai pour reste 18 heures. Aux jours, je vois que je ne puis ôter 20 de 14, j'emprunte donc une unité à la colonne des mois ; cette unité vaut 30 jours, lesquels ajoutés à 14 font 44 jours ; 20 ôté de 44, il reste 24 jours. Ensuite je dis : 8 mois ôtés de 10, il reste 2. Enfin, pour les années, je dis : 2 ôté de 4, il reste 2, et 2 ôté de 7, il reste 5. La réponse est donc 52 ans, 2 mois, 24 jours, 18 heures, 6 minutes.

55. La Soustraction des *décimales* se fait comme celle des nombres entiers ; mais si le nombre des décimales n'était pas égal dans les deux nombres, pour éviter tout embarras, on le complèterait en ajoutant un nombre de zéros suffisant à celui qui en a le moins, ce qui, comme nous l'avons dit (35), n'en change point la valeur ; puis on sépare, sur la droite de la somme, autant de chiffres décimaux qu'il y en a dans le nombre qui en avait le plus.

PREUVES DE L'ADDITION ET DE LA SOUSTRACTION.

56. On appelle *preuve d'une opération*, une seconde opération que l'on fait pour s'assurer de l'exactitude de la première.

57. La *preuve* de l'addition se fait par la soustraction, et celle de la soustraction par l'addition.

58. Pour faire la *preuve de l'addition*, il faut additionner de nouveau chaque colonne, mais en commençant par la première à gauche ; retrancher la somme obtenue par cette addition, de celle qui est marquée au-dessous de cette première colonne ; écrire le reste, s'il y en a, sous chaque colonne respective, et joindre ce reste, comme dizaine, à la somme posée sous la colonne suivante, pour en retrancher encore la somme qu'on trouvera en additionnant la seconde colonne, et de même pour les autres. S'il n'y a point eu d'erreur dans les opérations, on doit trouver 0 pour reste à la dernière colonne.

Prenons pour exemple l'addition déjà faite (exemple 1er).

$$
\begin{array}{r}
257 \\
584 \\
624 \\
\hline
1465 \\
\hline
110
\end{array}
$$

Je dis, en commençant par la gauche : 2 plus 5 font 7, et 6 font 13, que j'ôte de 14, et il reste 1 ; ce chiffre ajouté, comme dizaine, au chiffre 6, donne 16 ; passant à la seconde colonne, je dis : 5 et 8 font 13, et 2 font 15, qui, ôté de 16, il reste 1 ; cette dizaine jointe à 5 fait 15 ; je passe à la 3e colonne : 7 et 4 font 11, et 4 font 15, qui, ôté de 15, donne o pour reste. J'en conclus que la première opération a été bien faite, puisqu'on a pu retrancher des sommes additionnées, toutes les parties qui les composaient, et qu'on n'a trouvé que o pour reste.

59. Pour faire la *preuve de la soustraction*, il faut additionner le reste avec le plus petit nombre, et l'on doit retrouver le plus grand. C'est qu'en effet, le reste ou la différence étant ce qui manque au plus petit nombre pour égaler le plus grand, si on ajoute cette différence au plus petit, on doit retrouver le premier nombre. Ainsi dans l'exemple 3e.

$$
\begin{array}{r}
757 \\
365 \\
\hline
392
\end{array}
$$

Si on ajoute au petit nombre.   365
le reste ou la différence.   392
on retrouve le premier nombre.   757

Exercices sur la Soustraction.

82. Un maître avait donné à son domestique 689 fr. ; on lui a volé 537 fr. : combien lui reste-t-il ?

83. Une dame a donné à sa servante, pour faire les

provisions de la maison, 52 fr.; elle en a dépensé 48 : combien lui en reste-t-il?

84. En 1840 la population de Rennes s'élevait à 89000 habitants; celle de Tours, à 25253 : quelle était alors la différence de la population de ces deux villes?

85. L'invention de l'Imprimerie date de 1446 : combien y avait-il d'années qu'elle était inventée en 1841?

86. Un jeune homme reçoit par an de ses parents, pour son entretien, neuf cent soixante francs; il en a perdu au jeu deux cent soixante-cinq : que lui reste-t-il?

87. Un commissionnaire ne se rappelle point combien il a payé un objet; mais on lui avait donné 50 francs, et il ne lui reste plus que dix-neuf francs : combien cet objet a-t-il coûté?

88. Un général avait offert 2 mille francs à un soldat qui avait sauvé son colonel; mais le soldat n'a voulu recevoir que 125 francs : combien est-il resté?

89. Un payeur général a reçu pendant six mois 300 mille 27 francs; il a payé 236 mille 140 francs : combien doit-il lui rester?

90. Quels sont les deux nombres dont la différence est quatre, sachant que le plus grand est six?

91. Si au contraire on demandait quels sont les deux nombres dont la différence est quatre, sachant que le plus petit est six, quelle règle faudrait-il faire?

92. Jean a hérité d'une somme de 45 mille 110 francs; François n'a eu que 10 mille 80 francs : combien Jean a-t-il eu de plus que François?

93. Un père voulant favoriser l'aîné de ses enfants, lui a donné 10 mille 520 francs de plus qu'au cadet; on sait d'ailleurs qu'en tout cet aîné a reçu 57 mille francs : combien le cadet a-t-il reçu?

94. Le prix d'une ferme est de quinze cent vingt francs; le fermier a payé à-compte 640 francs : combien doit-il encore à son maître?

95. Un homme avait dans sa caisse 53 mille cent francs; il a prêté à un de ses amis 15 mille 2 cents francs; il a donné à son fils 5 mille 27 francs; enfin il a donné aux pauvres 310 fr. : combien doit-il lui rester?

96. Une maîtresse a donné à sa servante quarante francs

cinquante-cinq centimes ; la servante a dépensé trente-huit francs quarante neuf centimes, combien celle-ci a-t-elle encore entre les mains ?

97. Un marchand vend un cheval quatre cent dix francs, soixante quinze centimes ; il reçoit comptant deux cents francs vingt-cinq centimes : combien aura-t-on à lui rapporter ?

98. Un père a donné à son fils : une première fois, 117 fr., 25 centimes ; une deuxième fois, 95 fr. 09 centimes : le fils a dépensé pour nourriture, 50 fr. 40 centimes ; pour acheter des livres, 29 fr. 75 centimes : combien doit-il lui rester ?

99. Un particulier avait acheté une maison 32 mille 45 fr. ; il la revend 39 mille 40 fr. : combien a-t-il gagné ?

100. Un autre en avait acheté une, 70 mille 400 fr. 60 c. ; il a perdu en la revendant 100 fr. 19 centimes : combien l'a-t-il vendue ?

101. Un homme est né en 1790, quel âge avait-il en 1834 ?

102. Un jeune homme a acheté un habit 75 fr. 22 c. ; un autre en a eu un semblable pour 67 fr. 46 c. : combien le premier a-t-il mis de plus que le second ?

103. Un père a donné à son fils aîné 15 mille 900 fr. 40 centimes, et au cadet dix mille francs 57 centimes : combien a-t-il donné de plus à l'un qu'à l'autre ?

104. Un homme est parvenu à 87 ans 3 mois 16 jours ; un autre à 69 ans 6 mois 15 jours : de combien le premier est-il plus âgé que le second ?

105. Un chêne a été planté le 10 Janvier 1621 ; quel âge a-t-il eu au 1ᵉʳ Février 1834 ?

106. Une famille a acheté par contrat un bien le 24 juin 1715 ; ce bien a été vendu le 13 Juillet 1793 : combien de temps l'a-t-elle possédé ?

107. Un homme est né le 17 juin 1790, quel était son âge au 17 juin 1834 ?

108. Un ouvrier a marqué ainsi sa dépense de la semaine : Dimanche j'ai reçu treize francs 12 centimes ; Lundi, j'ai dépensé trente-deux décimes ; Mardi, quarante-huit centimes, mais le même jour, j'ai reçu quinze décimes ; Mercredi, j'ai payé six fr. dix-huit centimes ; Jeudi, j'ai

reçu 3 fr. 7 c. et j'ai payé 1 fr. 18 c. : on demande combien il lui restait le Jeudi au soir ?

109. Deux marchands doivent acheter ensemble un parti de bois, et mettre une mise commune : le premier a donné dix-sept cent vingt-cinq francs, le second n'a donné à-compte que trois cents francs quarante-cinq centimes : combien devra-t-il rapporter ?

110. Un épicier a acheté un parti de sucre pour deux mille francs, il l'a revendu au débit, deux mille trois cent vingt-sept francs vingt-cinq centimes : combien a-t-il gagné ?

111. On demandait à une femme, son âge ; elle répondit : si on retranchait de mon âge, dix-sept ans, je n'en aurais plus que dix-huit : quelle est cette règle ?

112. En 1834 un homme a eu soixante-neuf ans : combien en avait-il en 1799 ?

113. Un homme a marché pendant trois jours et douze heures ; un autre, pendant cinq jours neuf heures : combien de temps le deuxième a-t-il marché de plus que le premier ?

114. Un architecte a demandé pour construire une église, 35 mille fr. ; un autre a promis de la construire pour 29 mille 728 fr. 40 c. : combien aurait-on de bénéfice en employant le second ?

115. Deux époux font ensemble 137 ans ; le mari a 73 ans : quel est l'âge de la femme ?

116. Un chef d'atelier a reçu pour payer les ouvriers, 327 fr. 15 c., puis, 209 fr. 7 centimes ; il a payé une première fois, 187 fr. 80 c. ; une deuxième fois, 237 fr. 10 c. : combien doit-il lui rester ?

117. Un boulanger présente le compte suivant : Fourni à M...., une première semaine, pour 27 fr. 80 c. de pain, une deuxième, pour 30 fr. 10 c. ; une troisième, pour 29 fr. 8 centimes ; M...., a donné à-compte 18 fr. 28 c. : on demande combien il redevra au boulanger ?

118. Un homme a eu 39 ans en mil huit cent trente-quatre : on demande en quelle année il est né ?

119. Un marchand de chevaux en a acheté vingt, pour une somme de huit mille quarante francs ; il en a vendu deux, sept cent onze francs ; un autre est crevé, et était

estimé cinq cents francs : quelle est la valeur de ce qui lui reste ?

120. Un homme a acheté trente milliers de foin (trente mille livres) , on lui en a fourni dix milliers cinq cent livres : combien lui en doit-on encore ?

121. On demande quels sont les deux nombres dont la différence est dix mille cent un franc , vingt-cinq centimes, sachant que le plus grand est cent mille quatre-vingt-quinze ?

122. On a commandé à un serrurier une belle grille en fer ; le fer employé est évalué, au poids, dix-neuf cent quatre-vingts francs quarante centimes ; on a donné en tout, pour fer et main-d'œuvre, trois mille six cents francs douze centimes : à combien l'ouvrier a-t-il porté le prix de main-d'œuvre ?

123. Un volume , dans un nombre de pages donné , s'est trouvé contenir 2 millions 10 mille lettres ; un autre, dans un égal nombre de pages, n'en contient que 1 million 170 mille 80 : on demande combien il y en a de plus dans le premier que dans le second ?

124. Un établissement de charité a distribué en 1833 , vingt-sept mille quarante francs, cinquante-cinq centimes; en 1834 , il a distribué également en secours , vingt-neuf mille dix-sept francs, soixante-quinze centimes : combien a-t-il donné de plus la dernière année ?

125. On dit à un homme : Vous avez, dit-on, dans votre caisse, vingt-cinq mille francs ? Non , répondit-il, il s'en faut dix-huit cent quatre-vingt-cinq francs que je n'aie cette somme : on demande combien il y a en caisse ?

126. On demandait à un vieillard quel âge il avait; il s'en faut, répondit-il, six ans trois mois et dix-sept jours, que je n'aie cent ans : on demande quel âge il avait ?

127. Un père avait 45 ans 2 mois 4 jours à la naissance de son fils : quel sera l'âge du fils quand le père atteindra 56 ans.

128. Louis XIV monta sur le trône en 1643; il mourut en 1715, à l'âge de 77 ans : combien de temps a-t-il régné, et à quel âge est-il parvenu à la couronne ?

DE LA MULTIPLICATION.

60. La *Multiplication* est une opération par laquelle on répète un nombre appelé *multiplicande* autant de fois qu'il y a d'unités dans un autre qu'on appelle *multiplicateur*. Le résultat de l'opération s'appelle *produit*.

Ainsi multiplier un nombre par 1, c'est le prendre 1 fois ; le multiplier par 2, par 4, etc., c'est le prendre 2 fois, 4 fois, etc. ; le multiplier par 0,1, par 0,01, c'est en prendre la dixième, la centième partie ; le multiplier par 0,5, par 0,05, c'est en prendre 5 fois la dixième, la centième partie. D'où l'on voit que 1º. lorsque le multiplicateur égale l'unité, le produit égale le multiplicande ; 2º. lorsque le multiplicateur est plus grand que l'unité, le produit est plus grand que le multiplicande ; 3º. lorsque le multiplicateur est plus petit que l'unité, le produit est moindre que le multiplicande.

61. Le multiplicateur et le multiplicande se nomment aussi les deux *facteurs* du produit.

62. On connaît le *multiplicande* en ce qu'il est toujours de même nature que le produit (1) par exemple, si j'ai à chercher combien coûteront 4 mètres de drap à 10 francs le mètre, j'ai à prendre 10 fr. autant de fois qu'il y a de mètres ; le produit doit être 40 francs, et non pas 40 mètres, et, par conséquent, 10 fr. est le *multiplicande*.

63. Voici les principaux usages de la Multiplication : elle sert 1º. à faire connaître le produit de deux nombres ; 2º. à connaître le prix total de plusieurs unités, quand on connaît le prix de chacune ; 3º. à réduire des unités d'espèces principales en leurs parties, comme des toises en pieds, des pieds en pouces, des années en jours, des jours en heures, etc. ; 4º. à trouver les surfaces ou superficies, et la solidité des corps ; 5º. à prouver l'exactitude d'une division.

64. Pour multiplier un nombre simple par un nombre simple, il suffit de savoir la table suivante qui donne le produit de tous les nombres simples.

______

(1) Il n'y a d'exception à ce principe que dans le toisé des surfaces et des volumes.

1	2	3	4	5	6	7	8	9
2	4	6	8	10	12	14	16	18
3	6	9	12	15	18	21	24	27
4	8	12	16	20	24	28	32	36
5	10	15	20	25	30	35	40	45
6	12	18	24	30	36	42	48	54
7	14	21	28	35	42	49	56	63
8	16	24	32	40	48	56	64	72
9	18	27	36	45	54	63	72	81

65. Pour trouver, par cette table, le produit de deux nombres, comme de 7 par 8, je cherche le nombre 7 dans la colonne horizontale du haut, et partant, de ce 7, je descends jusqu'à ce que je sois vis-à-vis le nombre 8 qui est dans la première colonne verticale à gauche, le nombre 56 qui se trouve vis-à-vis les deux facteurs 7 et 8, en est le produit.

66. Pour multiplier un nombre composé par un nombre simple, on écrit le multiplicateur sous le multiplicande, on souligne le tout, puis on multiplie le premier chiffre à droite du multiplicande; si le produit ne surpasse pas 9, on l'écrit au-dessous; s'il surpasse 9, on n'écrit que les unités, et on retient les dizaines; on multiplie ensuite le second chiffre du multiplicande, et on ajoute à ce produit les dizaines qu'on avait retenues, s'il s'en était trouvé dans le premier produit; s'il ne passe pas 9, on l'écrit au-dessous; s'il passe 9, on retient les dizaines de ces dizaines, ou les

centaines, pour les ajouter au troisième produit; on continue ainsi, et le résultat marque le produit.

Exemple 6.

Un homme a fait 6 fois la route de Nantes à Clermont, on sait qu'il y a 65 myriamètres de distance : on demande combien il a fait de myriamètres en tout ?

Le produit de cette opération devant être des myriamètres, c'est 65 qui est le multiplicande.

J'écris donc......,   65
               6
            ———
Il a fait en tout 390 myriamèt.

Puis, je dis : 6 fois 5 font 30; j'écris o à la place des unités, et je retiens les dizaines; 6 fois 6 font 36, et 3 que j'ai retenu, font 39; je pose 9, et j'avance 3; le nombre 390 est le produit cherché.

67. Lorsque le multiplicateur a plusieurs chiffres, il faut faire successivement avec chacun de ces chiffres, ce que l'on vient de prescrire pour le cas où il n'y en a qu'un, mais en commençant toujours par la droite. Ainsi, on multipliera d'abord tous les chiffres du multiplicande par le chiffre des unités du multiplicateur, puis par celui des dizaines, et on écrira ce second produit sous le premier ; mais comme il doit être un nombre de dizaines, puisque c'est par des dizaines qu'on a multiplié, on portera le premier chiffre de ce produit sous les dizaines, et les autres chiffres toujours en avançant vers la gauche. Le premier chiffre du troisième produit qui se fera en multipliant par les centaines, se placera à la troisième place, c'est-à-dire, sous la colonne des centaines; de même pour les autres. On additionne ensuite tous les produits partiels, et l'on a le produit total.

68. Lorsqu'il se trouve des zéros entre les chiffres du multiplicateur, comme la multiplication par ces zéros ne donnerait que des zéros, on se dispense d'écrire ceux-ci

dans le produit, et passant au premier chiffre significatif, on en avancera le produit d'autant de places, plus une, qu'il y a de zéros au multiplicateur, c'est-à-dire, de deux places, s'il y a un zéro ; de trois, s'il y en a deux ; de quatre, s'il y en a trois.

Exemple 7.

Un riche particulier a acheté 306 hectares de pré, à raison de 1407 fr. l'hectare : on demande combien il a dû payer en tout?

On voit encore ici que le multiplicande doit être 1407 fr. parce que le produit devra exprimer combien on aura dû payer de francs.

<pre>
J'écris donc   1407   1407
                 306   306
              ───────   ───────
                8442   8442
               4221   0000
                                          4221
Il a dû payer 430542 fr.   ───────
                                        430542 fr.
</pre>

Et je dis : 6 fois 7 font 42 ; je pose les 2 unités, et je retiens les 4 dizaines ; 6 fois o ne font que o, mais j'avais retenu 4, et je les pose ; 6 fois 4 font 24, je pose 4 et je retiens 2 ; 6 fois 1 font 6 et 2 que j'ai retenu font 8, que je pose. Je multiplie tout de suite par 3, sans me donner la peine d'écrire, comme on l'a fait à côté, la ligne de zéros, disant : 3 fois 7 font 21, je pose 1 à la troisième place et je retiens 2 ; 3 fois o ne font que o, mais j'ai retenu 2 que je pose ; 3 fois 1 font 3 et 1 que j'ai retenu font 4, que je pose. J'additionne les produits partiels, et je trouve pour produit 430542 francs.

69. Si le multiplicande, ou le multiplicateur, ou tous les deux, sont terminés par des zéros, on fait la multiplication comme s'il n'y en avait point ; puis ensuite on ajoute autant de zéros, à la suite du produit, qu'il y en a dans les deux facteurs.

Exemple 8.

On demande combien il y a de minutes dans deux mille heures ?

Ici le multiplicande doit être 60 minutes.

$$
\begin{array}{r}
60 \\
2000 \\
\hline
\text{Il y a } 120000 \text{ minutes.}
\end{array}
\qquad
\begin{array}{r}
60 \\
2000 \\
\hline
00 \\
00 \\
00 \\
120 \\
\hline
120000
\end{array}
$$

Je multiplie seulement 6 par 2, et je trouve 12, à côté desquels j'écris les 4 zéros qui se trouvent à la suite du multiplicande et du multiplicateur. Méthode plus brève que l'ordinaire, ce que j'ai prouvé à côté.

70. Pour multiplier les *décimales*, on observera la même règle que pour les nombres entiers, sans faire attention à la virgule ; mais dans le produit, on sépare par une virgule, sur la droite, autant de chiffres décimaux qu'il y en a tant dans le multiplicande que dans le multiplicateur.

Exemple 9.

Quel est le produit de 2,10 par 1,70 ?

$$
\begin{array}{r}
2,10 \\
1,70 \\
\hline
147 \\
21 \\
\hline
\text{Réponse } 3,57
\end{array}
$$

Après avoir multiplié suivant les principes donnés, j'ai trouvé 35700 ; mais j'avais deux chiffres décimaux dans chacun des facteurs, je sépare donc, à la droite du produit, 4 chiffres décimaux, et j'ai 3,5700. Pour sentir la raison de cette règle, il faut observer que par la suppression de la virgule , on a rendu chaque facteur 100 fois plus grand ; le produit doit donc aussi avoir éprouvé une augmentation proportionnelle. En effet, on a opéré comme si on avait 210 unités à multiplier, tandis que l'on n'a que 2 unités 10 centièmes ; c'est-à-dire, que le multiplicande est 100 fois trop grand , et pour cette raison on doit rendre le produit 100 fois plus petit , et écrire 357,00. On a aussi regardé le multiplicateur comme exprimant 170 unités, cependant il n'exprime que 1 unité 70 centièmes , nombre 100 fois plus petit ; pour cette raison le produit 357,00 est encore 100 fois trop fort, et pour le réduire à sa juste valeur, il faut encore séparer 2 chiffres , et écrire 3,57. Nous avons dit (35) *qu'on ne change point la valeur des décimales en y ajoutant ou en retranchant le nombre de zéros que l'on veut*, c'est d'après ce principe *qu'on a retranché les zéros qui se trouvent à la droite du produit.*

Remarque. Si dans le produit il n'y avait pas assez de chiffres pour qu'on pût en séparer sur la droite autant qu'il y a de décimales dans les deux facteurs, on écrirait à sa gauche autant de zéros qu'il serait nécessaire pour que ce retranchement pût se faire. Soit, par exemple, $0,24 \times 0,007 = 0,00168$.

La Multiplication faite, on a retrouvé pour produit 168 ; mais comme il y a cinq chiffres décimaux dans les deux facteurs, pour faire la séparation exigée, il a été nécessaire d'ajouter 3 zéros à la gauche de 168, dont deux pour compléter le nombre des décimales , et un pour tenir la place des unités.

71. Pour multiplier un nombre entier par 10, il suffit de mettre un zéro à la droite de ce nombre ; pour le multiplier par 100, il faut mettre 2 zéros, etc. En effet, multiplier un nombre par 10, par 100, c'est le rendre 10 fois, cent fois plus grand, etc. Or, nous avons vu (20) que pour rendre un nombre dix, cent fois plus grand, il suffit de le reculer d'une ou de deux places vers la gauche, en ajoutant un ou deux zéros à sa droite ; donc ajouter à un nombre , un, deux, trois, etc. zéros est la même chose que le multiplier par dix, cent, mille, etc.

Exercices sur la Multiplication.

129. Un jeune homme avait 15 ans ; on lui demanda : Si vous étiez trois fois plus âgé, quel âge auriez-vous ?

130. Les pommes de terre coûtaient 5 fr. la barrique ; on a fait marché pour 9 barriques : combien coûteront-elles ?

131. Un propriétaire a acheté 12 vaches à raison de 87 fr. chacune, prix moyen : on demande combien il a dû débourser ?

132. Un parapluie a coûté 22 fr. 25 : combien coûteraient dix parapluies ?

133. Un jeune homme avait 16 ans, et l'on sait que son père est 3 fois plus âgé : on demande quel âge il a ?

134. Un homme a acheté 12 cents volumes, à raison de 1 fr. 20 c. le volume : combien a-t-il payé ?

135. Une gratification de 1 fr. 10 c. a été accordée à chacun des hommes d'un régiment de cavalerie composé de 500 hommes : combien a-t-on payé en tout ?

136. Un homme charitable a ordonné de donner quarante-cinq centimes à chacun des pauvres qui se présenterait, il en est venu 179 : combien a-t-on donné en tout ?

137. Un homme est âgé de 38 ans : on demande combien il a vécu de jours, sachant bien que l'année se compose de 365 jours ?

138. On a acheté 550 milliers de mottes à brûler, à raison de 1 fr. 95 c. le millier : combien aura-t-on à payer ?

139. Un négociant armant un bâtiment, a promis à un homme de l'équipage de le payer 65 fr. 25 c. par mois ; cet homme est resté en mer 5 mois : combien lui devra-t-on ?

140. Quel serait le prix à payer si cet homme était demeuré sur le bâtiment un an et demi ?

141. Un coutelier a fourni 96 douzaines de couteaux : combien en tout y avait-il de couteaux ?

142. Le prix de ces couteaux avait été calculé à cinquante-huit centimes la pièce : combien a-t-il dû recevoir ?

143. Des pêcheurs ont pris dans un temps donné, 25 milliers 560 sardines, ils les ont vendues à raison de deux centimes la sardine : combien ont-ils reçu ?

144. Un homme a planté en deux ans, dix mille trois cent neuf pieds d'arbres : on pense que l'un portant l'autre, chaque pied d'arbre lui est revenu à quarante-huit centimes : combien a-t-il dû payer ?

145. On a confectionné pour un régiment 1869 chemises; chacune revient à 2 fr. 49 c. : quel est le prix total de toutes les chemises ?

146. On demande combien il s'est écoulé d'heures depuis le premier Janvier, jusqu'au vingt-cinq Mars mil huit cent trente-quatre ?

147. Il y a dans un établissement d'instruction, 197 élèves ; chacun paie par an, 428 fr. 75 c. : quelle doit être la recette totale ?

148. Un maître charpentier fait au bout du mois le compte des journées d'ouvriers qu'il a employés ; il trouve un compte de 779 journées, qui ont été payées à raison de 2 fr. 48 c. : on demande à combien se monte le compte total ?

149. Un homme a acheté 958 morues, à raison de 1 fr. 76 c. la morue ; il les revend ensuite à raison de 2 fr. 25 c. la morue : on demande combien il aura gagné ?

150. Un marchand de chapelets en a vendu dans une année 549 douzaines ; on sait de plus, que chaque chapelet devait lui être payé trente-cinq centimes : on demande combien il a reçu d'argent ?

151. On dit que le pouls bat communément 55 fois par minute : on demande combien il aura battu de fois dans un jour ?

152. Un voyageur faisait trente pas par minute : on demande combien il aura fait de pas, après avoir marché pendant six heures ?

153. Un apothicaire a vendu pendant une année onze mille trente-sept remèdes d'espèces diverses ; on évalue, l'un portant l'autre, chaque remède à soixante-dix-huit centimes : quelle sera sa recette à la fin de l'année ?

154. Un bureau de poste a délivré ordinairement 728 lettres par jour ; on peut évaluer chacune à trente-cinq centimes : quelle sera la recette au bout de deux mois ?

155. Une promenade a 2709 pas de long ; un homme a fait le pari de la parcourir quinze fois dans quatre heures : combien ferait-il de pas ?

156. Un négociant a fait, par le retour d'un bâtiment, un bénéfice de 49 mille 79 fr. 57 c. ; s'il avait fait partir son navire six mois plus tôt, il aurait gagné vingt-sept fois d'avantage : on demande combien il aurait eu?

157. On veut savoir combien il y a de carreaux dans une chambre qui a vingt-sept carreaux en longueur, sur dix-neuf en largeur?

158. Un pommier a produit 569 pommes : combien y en aurait-il dans un verger où il y aurait 57 pommiers semblables?

159. Un négociant a fait marché pour 199 mille paquets d'aiguilles; il les a achetées à raison de huit centimes le paquet : combien paiera-t-il le tout?

160. Trente-neuf personnes ont mis à la loterie ; une seule a gagné dix-neuf francs quatre-vingt-neuf centimes : si les trente-neuf avaient gagné également, combien le chef du bureau aurait-il eu à payer?

161. On sait qu'un sac peut contenir 869 fr. 45 c. ; on en a dix semblables : quelle somme contiendront-ils en tout?

162. Un chêne est supposé porter 768 glands : combien devrait en avoir, en supposant toutes choses égales, un bois composé de 2956 chênes?

163. Un cordonnier a expédié pour l'Amérique 3659 paires de souliers, chacune étant estimée 4 fr. 29 c. : combien vaudra le tout?

164. Une fabrique de chapeaux en a fait dans une année 18769 : combien vaudra le tout, chaque chapeau étant estimé 17 fr. 67 c.?

165. Un canot était monté par huit rameurs; ils donnaient neuf coups de rames par minute : on demande combien ils auront donné de coups de rames après huit heures de marche?

166. On demande combien soixante-neuf francs font de centimes?

167. On a calculé qu'une roue faisait vingt-sept tours par minute : combien aura-t-elle fait de tours après dix-huit heures de marche?

168. Un chapelet a cinquante-neuf grains : on demande combien il y aurait de grains dans soixante-sept douzaines de chapelets?

169. Un marchand vend le mètre d'un certain drap 38 fr.; une personne veut en avoir 68 centimètres : à combien s'élèvera cet achat ?

170. Un mètre de ruban coûte 0,15 c. : quel sera le prix de 15 centimètres?

171. Multipliez 0,0708 par 0,0307.

172. Multipliez 0,05 par 0,006 ?

DE LA DIVISION.

72. La *Division* est une opération par laquelle on partage un nombre qui se nomme *dividende*, en plusieurs parties égales. Le nombre qui indique en combien de parties égales on partage le *dividende*, se nomme *diviseur*; le résultat de l'opération qui indique la grandeur commune de chacune de ces parties égales, s'appelle *quotient*.

Le dividende est toujours égal au produit d'une multiplication dont le diviseur et le quotient servent de facteurs.

Ainsi diviser 12 par 3, c'est chercher un nombre qui étant multiplié par 3, donne 12 au produit. Il résulte de cette définition que le diviseur est à l'égard de l'unité ce qu'est le dividende à l'égard du quotient, c'est-à-dire, que si le diviseur égale 2 fois, 4 fois, 15 fois l'unité, le dividende égale 2 fois, 4 fois, 15 fois le quotient, et que si le diviseur n'est que la 2e, la 4e, la 15e partie de l'unité, le dividende n'est que la 2e, la 4e, la 15e partie du quotient.

73. La nature des unités du quotient, ne peut, en général, être déterminée que par l'état de la question qui donne lieu à la division.

74. Voici les principaux usages de la Division. Elle sert 1°. à découvrir combien de fois une quantité est contenue dans une autre; 2°. à partager un nombre en autant de parties égales que l'on veut; 3°. à trouver la valeur d'une chose quand on connaît le prix total de plusieurs; 4°. à convertir les unités d'une certaine espèce en unités d'une espèce supérieure; 5°. à prouver l'exactitude de la multiplication.

75. On connaît de suite le nombre de chiffres qu'il y aura au quotient d'une division, en séparant sur la gauche

du dividende, autant de chiffres qu'il en faut pour contenir le diviseur; le nombre de chiffres qui restent au dividende, plus un, indique combien il y aura de chiffres au quotient.

76. Il faut observer, en faisant la Division, 1°. que le produit du diviseur multiplié par le chiffre qu'on pose au quotient, doit toujours être moindre que le dividende partiel, ou lui être égal; 2°. que le reste de chaque division doit toujours être moindre que le diviseur; 3°. qu'il ne peut jamais y avoir plus de 9 au quotient pour chaque membre de division; 4°. que lorsqu'après avoir descendu un chiffre pour former un nouveau dividende partiel, il arrive qu'il ne contienne pas le diviseur, on doit poser un zéro au quotient, et abaisser un nouveau chiffre pour joindre à ce dividende; que si le dividende ne contenait pas encore le diviseur, on poserait un second zéro au quotient, et on descendrait un troisième chiffre.

77. Pour diviser un nombre composé par un nombre simple, on pose le diviseur à la droite du dividende, on les sépare par une accolade, et on souligne le diviseur, sous lequel on écrit les chiffres du quotient, à mesure qu'on les trouve. Puis on cherche combien le diviseur est contenu dans le premier, où, s'il ne suffit pas, dans les deux premiers chiffres du dividende, et on écrit ce nombre de fois sous le diviseur. Ensuite on multiplie le diviseur par le quotient, et on pose le produit sous la partie du dividende que l'on vient d'employer. Enfin, on retranche ce produit du dividende partiel auquel il répond; et s'il y a un reste, on l'écrit dessous. A côté de ce reste, on abaisse le chiffre suivant du dividende; ce sera un second dividende partiel sur lequel on opèrera comme sur le premier, plaçant le quotient à côté de celui qu'on a déjà posé, et on fera de même à tous les chiffres du dividende, jusqu'au dernier inclusivement.

Exemple 10.

Un père en mourant a laissé une somme de 768 fr. à partager entre ses six enfants : on demande combien il revient à chacun ?

Dividende 768
        6
    ───────
       16
       12
    ───────
       48
       48
    ───────
       00

Il reviendra à chacun { 6 diviseur.
                      { 128 fr. quotient.

En commençant par la gauche du dividende, je dis : en 7 combien de fois 6? il y est une fois ; comme le chiffre 7 représente des centaines, je devrais dire : en 7 cents combien de fois 6? et je trouverais qu'il y est 100 fois ; par conséquent le chiffre 1 obtenu pour quotient doit exprimer des centaines ; cependant j'écris simplement 1, parce que les chiffres qui seront obtenus ensuite au quotient lui donneront sa véritable valeur. Ensuite je multiplie le diviseur 6 par le quotient 1, je porte le produit 6 sous le chiffre 7 que j'ai divisé, faisant la soustraction, j'ai pour reste 1, à côté duquel je descends le chiffre 6 du dividende, et je dis : en 16 combien de fois 6? 2 fois, que j'écris au quotient, à la droite de 1 ; je multiplie le diviseur 6 par le chiffre 2 ; j'écris le produit 12 sous le nombre 16, je fais la soustraction et il me reste 4 ; à côté de ce reste j'abaisse le 8, et je dis : en 48 combien de fois 6? 8 fois, que j'écris au quotient ; je multiplie 6 par 8 et j'écris le produit 48 sous le dividende 48 ; comme il ne me reste rien après la soustraction faite, j'en conclus que 768 se divise exactement entre 6, et que chacun des enfants aura pour sa part 128 fr.

78. Si le diviseur est composé de plusieurs chiffres, on prend sur la gauche du dividende autant de chiffres qu'il en faut pour contenir le diviseur, puis on suit les principes donnés pour la division d'un nombre composé par un nombre simple.

79. Lorsque l'opération est terminée, si le diviseur n'est pas contenu exactement un certain nombre de fois dans le dividende, il y a un reste ; on peut l'écrire à côté du quotient ; écrivant aussi le diviseur au-dessous de ce reste, et séparant l'un de l'autre par un trait.

80. Mais si l'on veut approcher plus près du véritable quotient, on réduit le reste en dixièmes en ajoutant un zéro à sa suite, mais on met une virgule au quotient pour

séparer sur la droite le nouveau chiffre ; s'il y avait un second reste, on pourrait le réduire en centièmes, en ajoutant encore un zéro, et on continuerait l'opération.

Exemple 11.

On a acheté 28 mètres de drap pour 651 fr. : on demande à combien revient le mètre ?

$$
\begin{array}{ll}
\left.\begin{array}{l}
651 \\
56 \\
\hline
91 \\
84 \\
\hline
70 \\
56 \\
\hline
140 \\
140 \\
\hline
000
\end{array}\right| &
\begin{array}{l}
28 \\
\hline
23,25
\end{array}
\end{array}
$$

En 65 combien de fois 28 ? 2 fois, que j'écris au quotient ; je multiplie 28 par 2, et j'écris le produit 56 sous 65 ; faisant la soustraction, je trouve 9 pour reste ; j'abaisse le chiffre 1, ce qui me donne 91 pour dividende partiel ; en 91 combien de fois 28 ? 3 fois ; faisant la multiplication, j'écris le produit 84 sous 91 ; je fais la soustraction, et il y a un reste 7, que je réduis en décimes en y ajoutant un zéro, et je dis : en 70 combien de fois 28 ? 2 fois, mais comme ce chiffre devra exprimer des dixièmes, je le sépare des unités par une virgule ; et faisant la multiplication, j'écris le produit 56 sous 70 ; il me reste encore 14, que je réduis en centimes en ajoutant un zéro, et je dis : en 140 combien de fois 28 ? 5 fois ; je place le produit 140 sous le dividende partiel, duquel je le soustrais sans reste. Ainsi, le mètre de drap revient à 25^f,25.

81. Si le dividende et le diviseur étaient terminés par des zéros, on peut, pour abréger la Division, retrancher au dividende et au diviseur, autant de zéros qu'il y en a à la suite de celui qui en a le moins, et faire ensuite l'opération. Le quotient sera le même que si l'on n'avait point effacé les zéros.

Exemple 12.

Combien y a-t-il d'heures dans 600 minutes ?

$$\begin{array}{l} 60 \\ 00 \end{array} \; \text{Il y a} \left\{ \dfrac{6}{10} \right.$$

On voit que pour effectuer cette opération, au lieu de diviser 600 par 60, on a divisé 60 par 6 ; c'est qu'en effet diviser 600 par 60, c'est chercher combien de fois 60 dizaines contiennent 6 dizaines ; or, il est clair que 60 dizaines ne contiennent pas plus de fois 6 dizaines, que soixante unités ne contiennent 6 unités.

82. Si dans le cours de l'opération, un dividende partiel ne contenait pas le diviseur, il faudrait mettre un zéro au quotient, et abaisser le chiffre suivant du dividende pour continuer l'opération ; s'il ne le contenait pas encore, il faudrait mettre un second zéro au quotient, puis abaisser un nouveau chiffre du dividende.

Exemple 13.

$$\begin{array}{l} 75267 \\ 75 \\ \hline 0026 \\ 25 \\ \hline 17 \end{array} \left(\dfrac{25}{3010} \right. \qquad \dfrac{17}{25}$$

25 étant contenu 3 fois sans reste dans 75, j'abaisse le 2 pour former un second dividende ; mais comme il ne contient pas le diviseur, je mets zéro au quotient, puis j'abaisse le 6 ; le quotient est 1, plus un reste, à la droite duquel j'abaisse le 7, dernier chiffre du dividende ; mais comme ce dernier dividende partiel ne contient pas le diviseur, je mets encore un zéro au quotient, et j'écris le reste à côté du quotient, comme il a été dit ; ce qui donne pour résultat de l'opération, trois mille dix unités et dix-sept vingt-cinquièmes.

83. Lorsque le dividende ne contient pas le diviseur, on place d'abord au quotient un zéro suivi d'une virgule, pour

exprimer qu'il n'y a pas d'entiers ; on réduit le nombre à diviser en dixièmes en ajoutant un zéro ; si ce nouveau dividende ne contenait pas encore le diviseur, on mettrait un second zéro au quotient, puis on réduirait le dividende en centièmes en ajoutant encore un zéro, et on ferait l'opération comme à l'ordinaire.

Exemple 14.

Pour 171 fr., j'ai acheté 228 mètres de ruban, à combien me revient le mètre ?

$$\begin{array}{r|l} 1710 & 228 \\ 1596 & \hline 0{,}75 \\ \hline 1140 \\ 1140 \\ \hline 0000 \end{array}$$

Le dividende 171 ne contenant pas le diviseur, je mets d'abord zéro au quotient ; je réduis le dividende en décimes, je trouve que le diviseur 228 est contenu 7 fois en 1710, j'écris 7 au quotient, en le séparant du zéro par une virgule, opérant comme à l'ordinaire, je trouve pour reste 114 ; j'ajoute encore un zéro à ce dividende pour avoir des centimes au quotient, je trouve qu'en 1140 le diviseur est contenu 5 fois juste. J'en conclus que le mètre de ruban coûte 0 fr. 75 centimes.

84. On suit pour la Division des *décimales* les mêmes principes que pour les nombres entiers.

Si le nombre des décimales est égal dans le dividende et dans le diviseur, on supprime la virgule dans l'un et dans l'autre, et l'on fait l'opération comme pour les nombres entiers.

Si le nombre des décimales n'est pas égal dans le dividende et dans le diviseur, il faudrait le compléter en ajoutant des zéros à la suite de celui qui en aurait le moins, puis supprimer la virgule, et faire l'opération. Il n'y aura rien à changer au quotient que l'on trouvera.

Exemple 15.

Si l'on avait à diviser 18,25 centièmes par 3,2 dixièmes, j'ajouterais un zéro au diviseur, et j'aurais 5,20 centièmes ; je supprimerais la virgule, et diviserais 1825 par 520.

La raison de cette opération est qu'*on ne change point la valeur d'un nombre décimal en mettant des zéros à sa suite*, comme nous l'avons dit plus haut (55) ; ainsi 5,2 dixièmes est la même chose que 5,20 centièmes.

85. Pour diviser un nombre par 10, il suffit de séparer, par une virgule, un chiffre sur la droite de ce nombre ; pour diviser par 100, on en séparera deux ; pour diviser par 1000, on en séparera trois. Les chiffres séparés deviennent des dixièmes, des centièmes, etc.

Ainsi, le nombre 45 divisé par 10 donne 4,5, où l'on voit que chaque chiffre a une valeur dix fois moindre que dans le premier nombre.

D'abord le chiffre 4 exprimait 4 dizaines, maintenant il exprime 4 unités ; le 5 exprimait 5 unités, il n'exprime plus que 5 dixièmes, par conséquent, le nombre 45 est divisé par 10.

86. C'est pour rendre la méthode plus facile à saisir, que nous avons prescrit d'écrire sous chaque dividénde partiel, le produit qu'on trouve en multipliant le diviseur par le quotient, pour en faire ensuite la soustraction. On abrége ordinairement la Division, en s'épargnant la peine d'écrire ces produits, et faisant la soustraction à mesure qu'on multiplie par le quotient, chaque chiffre du diviseur.

Prenons pour exemple la Division déjà faite (exemple 10).

$$
\begin{array}{rl}
768 & \left(\;6\right. \\
6 & \overline{\;128} \\
\hline
16 & \\
12 & \\
\hline
48 & \\
48 & \\
\hline
00 &
\end{array}
\qquad
\begin{array}{rl}
768 & \left(\;6\right. \\
16 & \overline{\;128} \\
48 & \\
00 &
\end{array}
$$

On voit que dans le premier cas, on avait dit, après avoir obtenu 1 pour quotient : 1 fois 6 est 6, qu'on avait posé sous le chiffre 7, pour faire ensuite la soustraction, et qu'on avait eu 1 pour reste ; que de même, on avait écrit

12, second produit de 6 multiplié par 2, sous le second dividende 16, etc.

Dans le second cas, après avoir obtenu 1 pour quotient, on a dit : 1 fois 6 est 6 ; mais au lieu d'écrire ce nombre 6, on a fait de suite la soustraction, et on a dit : 6 ôté de 7, il reste 1 qu'on a écrit sous le 6 ; de même après avoir trouvé 2 pour second chiffre du quotient, on a dit : 2 fois 6 font 12, on a encore fait la soustraction, sans écrire ce produit 12, et on a eu 4 pour reste ; enfin, après avoir obtenu 8 pour troisième chiffre du quotient, on a dit : 8 fois 6 font 48, lesquels ont été ôtés sans reste du dividende partiel 48.

Remarque. C'est surtout dans l'usage de ce dernier procédé que la manière d'effectuer la soustraction sans jamais emprunter sur le chiffre voisin à gauche, devient avantageuse. Nous allons l'appliquer à l'exemple ci-dessous.

$$\left.\begin{array}{r} 3624 \\ 264 \\ 12 \end{array}\right\{ \quad \frac{42}{86}$$

Le premier dividende 362 contient 8 fois le diviseur 42 ; il faut retrancher de 362 le produit de 42 par 8 ; pour cela, après avoir dit : 8 fois 2 font 16, j'ajoute par la pensée, 2 dizaines aux 2 unités de 362, et je dis : 16 ôtés de 22, il reste 6 ; je retiens les 2 dizaines pour les ajouter aux 32 dizaines provenant de la multiplication du quotient par les dizaines du diviseur, ce qui fait 34, et en retranchant 34 de 36 je soustrais les 2 dizaines que j'avais ajoutées à 362 ; le reste est donc 26. A côté de ce reste plaçant les 4 unités, j'ai le second dividende partiel sur lequel j'opère comme sur le premier, en disant : 6 fois 2 font 12 ; ne pouvant ôter 12 de 4, j'ajoute encore par la pensée une dizaine à ces 4 unités de 264, ce qui me donne 14 unités, desquelles ôtant 12, il reste 2 que je pose sous le 4. Je multiplie ensuite les 4 dizaines du diviseur par 6, j'obtiens 24, je joins à ce nombre la dizaine ajoutée à 264, et ôtant 25 de 26, je soustrais encore la dizaine dont j'avais augmenté le dividende.

PREUVES DE LA MULTIPLICATION ET DE LA DIVISION.

86 bis. Pour faire la *preuve d'une multiplication*, il faut diviser le produit par l'un des facteurs, et si l'opération est bien faite, on doit retrouver l'autre facteur pour quotient.

En d'autres termes, si l'on divise le produit par le multiplicateur, on doit retrouver le multiplicande au quotient, et si l'on divise le produit par le multiplicande, on doit retrouver le multiplicateur.

Prenons pour exemple 4 multiplié par 3, le produit est 12. Si ensuite je divise le produit 12 par le multiplicande 4, je retrouverai au quotient le multiplicateur 3.

$$\begin{array}{c} 4 \\ 3 \\ \hline 12 \\ 12 \\ \hline 00 \end{array} \left\lgroup \begin{array}{c} 4 \\ \hline 3 \end{array} \right.$$

En effet, multiplier 4 par 3, c'est répéter 4 trois fois ; et diviser 12 par 4, c'est chercher combien de fois 4 est contenu dans 12, or, il doit être contenu autant de fois qu'il avait été répété, c'est-à-dire 3 fois ; si donc on divise le produit 12 par le multiplicande 4, on doit retrouver au quotient le multiplicateur 3.

87. La preuve de la division se fait en multipliant le diviseur par le quotient, et alors on doit retrouver le dividende au produit. Cela est fondé sur la définition même de la multiplication et de la division.

En effet, puisque le quotient indique combien de fois le diviseur est contenu dans le dividende, si on répète ce diviseur autant de fois qu'il est contenu dans le dividende, c'est-à-dire, autant de fois que l'indique le quotient, on retrouvera le dividende.

Après avoir multiplié les deux facteurs l'un par l'autre, il faut ajouter au produit le reste de la division, s'il y en a un.

Prenons pour exemple les divisions déjà faites (exemples 10 et 13.)

```
768  ⌠    6              75267  ⌠    25
 16  │  ──────           0026   │  ──────
 48  │   128               17   │   3010
 00  │  ──────                  │  ──────
     │    48                    │    25
     │    12                    │    75
     │     6                    │  ──────
     │  ──────                  │   75250
     │   768                    Report  17
                                ──────
                                 75267
```

Lorsque le diviseur ou le quotient ne sont pas terminés
par des zéros, on se dispense de faire deux additions, en
ajoutant, comme dans l'exemple suivant, le reste sous les
unités correspondantes des produits partiels de la multiplication avant d'additionner.

```
326  ⌠    12
 86  │  ──────
 20  │   27,16
 80  │    72
  8  │    12
     │    84
     │    24
Report du reste     8
     ──────
      326,00
```

Exercices sur la Division.

173. Un maître a donné le premier jour de l'an, quarante-huit francs à ses trois domestiques : combien reviendra-t-il à chacun?

174. Un homme charitable a envoyé une somme de dix-
neuf cent soixante-deux francs pour partager entre neuf
familles pauvres : on demande combien il faudra donner à
chacune?

175. Huit matelots se sont sauvés dans un naufrage ; ils
ont retiré du bâtiment une malle contenant 9758 fr. ;
avant de se séparer ils partagent cette somme : combien
chacun aura-t-il pour sa part?

176. Quinze associés se réunissent pour une opération de commerce; le bénéfice est de 37869 fr. : on demande quelle sera la part de chacun?

177. Un marchand de chevaux a acheté 25 chevaux qui lui ont coûté 13325 fr. : quel est le prix de chaque cheval?

178. L'édition d'un ouvrage a été tirée à 2500 exemplaires pour une somme de 500324 fr. : quel est le prix de chaque exemplaire?

179. On demande combien il y a de pièces de 20 fr. dans 3600 fr.?

180. Combien y a-t-il de jours dans 18792 heures?

181. Combien fera-t-on de rideaux avec 200 pièces de calicot contenant chacune 55 mètres, en employant 10 mètres par rideau?

182. On veut payer 6250 fr. en pièces de 40 fr. : combien devra-t-on en donner, et quel sera le surplus?

183. On veut charger 68310 sacs de café sur plusieurs bâtiments : on demande combien il en faudra, si chaque bâtiment porte 990 sacs?

184. On a acheté dans une maison d'éducation, cent vingt-sept rames de papier pour la somme de trois mille cinq cent soixante-six francs, cinquante centimes : à combien revient la rame?

185. Quinze personnes font entre elles onze cent cinquante-cinq ans : on demande quel âge cela donne à chacune?

186. Si l'on avait dit : quinze personnes font entre elles treize mille huit cent soixante mois : combien d'années chacune a-t-elle?

187. On a acheté dix douzaines de canifs pour 72 fr. : on demande à combien revient chaque canif?

188. Un père dit à son fils : vous passerez six mois à Paris, et je vous donne pour votre dépense 1275 fr. : combien a-t-il à dépenser par jour?

189. Dans une main de papier il y a vingt-cinq feuilles, et il faut vingt mains de papier pour faire une rame : ces notions connues, un homme a acheté une rame de papier, le prix de la rame est de 5 fr. : on demande combien il devrait vendre chaque feuille de papier pour ne pas y perdre?

190. Un autre a acheté 50 rames de papier au même

prix de 5 fr. la rame : on demande de calculer également le prix de chaque feuille ?

191. 100 volumes ont coûté à un homme 75 fr. ; en les revendant il a gagné 10 fr. : on demande 1° combien avait coûté chaque volume ; 2° combien il a revendu chacun ?

192. Un autre avait acheté 70 volumes pour 105 fr. ; il veut gagner 17 fr. sur ce marché : combien faudra-t-il qu'il vende chaque volume ?

193. On a imposé à une ville une contribution de 697 mille 38 fr. 67 c. : on demande combien devra payer chaque habitant, en supposant qu'ils soient 24.639 ?

194. 37 peupliers ont été vendus 820 fr. : on demande, à un centime près, combien ils ont dû être vendus chacun ?

195. On demande combien 34560 minutes font de jours ?

196. Un payeur a donné en paiement à un homme, un sac contenant 3750 centimes : on veut savoir combien cet homme a reçu de francs.

197. 780 transparents ont été payés chez un imprimeur, 15 fr. 60 c. : on demande combien il faudra les vendre pour n'y pas perdre ?

198. Mais on les vend en somme 21 fr. : combien les aura-t-on vendu chacun ?

199. Une femme a acheté 125 douzaines d'œufs ; le tout lui coûte 30 fr. 48 c. : à combien lui revient chaque œuf ?

200. Si cette femme les revendait 45 fr. 72 c., combien gagnerait-elle, et revendrait-elle alors chaque œuf ?

201. Dans un paiement on a donné 3709 fr., en pièces de 0,50 centimes : combien y en avait-il ?

202. Un fermier doit en redevance à son maître douze douzaines de poulets, il vient lui offrir en échange 110 fr. 90 c. : combien estimait-il chacun de ses poulets ?

203. On a acheté 100 chemises de laine, 455 fr. : quel est le prix de chaque chemise ?

204. Le balancier d'une pendule frappant 60 coups par minute : combien de jours lui faudra-t-il pour frapper 365225 coups ?

205. On a donné 1 décime à partager entre plusieurs pauvres ; ils se trouvent être 10 : on demande combien ils auront chacun ?

206. Si au lieu d'être 10, ils étaient 20, combien auraient-ils?

207. Une femme de journée a travaillé pendant 2 semaines, ou 12 jours; elle travaille 9 heures par jour; on lui a donné 15 fr. : on demande combien elle gagnait par jour, et combien elle était payée par heure?

208. Un propriétaire fait mettre des espaliers dans son jardin; il a pour 45 fr. de patefiches; le jardinier lui dit qu'elles ont coûté 0,15 centimes; le maître pour s'assurer qu'on ne l'a point trompé, compte les patefiches : combien doit-il en avoir?

209. On a gagé une domestique pour la somme de 53 fr. par an : combien gagne-t-elle par jour?

210. Un matelot est resté 6 mois en mer, on lui donne au retour 163 fr. 80 : combien 1°. a-t-il gagné par jour? 2°. combien gagnait-il par heure?

211. Une femme a acheté douze douzaines de noix, 1 fr. 80 : à combien revient chaque noix?

212. 6 personnes se sont réunies pour acheter une terre; on voulait la vendre 87925 fr. 65, mais on en diminue 2015 fr. 55 : quelle quote-part chacun devra-t-il payer?

213. 16 douzaines d'assiettes ont été vendues 33 fr. 25 : on demande le prix de chaque assiette?

214. Un libraire a acheté 587 catéchismes, pour 205 francs 45 : à combien lui revient chaque exemplaire?

SYSTÈME MÉTRIQUE.

88. On appelle en général *mesure* une unité connue servant de terme de comparaison et appliquée à d'autres quantités dont on veut connaître la grandeur ou la capacité. Ainsi *mesurer* c'est chercher combien de fois une quantité quelconque contient l'unité de mesure.

89. Le calcul métrique a été introduit en France pour donner aux mesures l'uniformité dont elles manquaient. Ce calcul n'est autre chose que le calcul décimal appliqué à évaluer, 1°. les lignes, 2°. les surfaces, 3°. les solides, 4°. les poids, 5°. les monnaies.

90. On l'appelle *métrique*, parce qu'il est basé sur le *mètre*, mesure linéaire basée elle-même sur la dimension du globe que nous habitons, puisque le mètre est la dix-millionième partie du quart d'un des grands cercles de la terre.

91. On l'appelle aussi *décimal*, parce que ses multiples expriment des nombres qui égalent dix, cent, mille, dix mille unités ; et ses sous-multiples, des nombres qui sont la dixième, la centième, la millième partie de l'unité.

92. On le nomme encore *légal*, parce qu'il est prescrit par la *loi*.

93. La mesure fondamentale une fois déterminée, on lui donna le nom de *mètre*, du mot grec *metro*, qui signifie *mesure*.

94. De cette mesure on en a déduit toutes les autres de la manière suivante :

Un carré ayant dix mètres de côté a été adopté pour l'unité des mesures *agraires* (1), et nommé *are*.

L'unité employée pour évaluer les autres surfaces, est un carré d'un mètre de côté que l'on appelle *mètre carré*.

Un cube d'un mètre de côté a été adopté pour l'unité des mesures de solidité, sous le nom de *stère*.

Un vase de forme cubique, dont les dimensions intérieures sont égales à un dixième du mètre, a été pris pour l'unité des mesures de capacité et a reçu le nom de *litre*.

Le poids d'un centimètre cube d'eau distillée, c'est-à-dire très-pure, pesée dans le vide, à une température de quatre degrés de chaleur, a été adopté pour l'unité des mesures de poids, et nommé *gramme*.

Enfin une pièce de monnaie du poids de 5 grammes, contenant 9 dixièmes d'argent et un dixième de cuivre, a été adopté pour l'unité monétaire, sous le nom *de franc*.

95. Les unités principales du système métrique sont donc au nombre de six, savoir :

1°. Le *mètre*, pour les mesures de longueur.

Il remplace l'aune, la toise, la lieue, ainsi que toutes leurs subdivisions.

2°. L'*are*, pour les mesures agraires. Il remplace l'arpent,

---

(1) Le mot *agraire* tire son origine d'un mot latin qui veut dire *champ*.

la perche et toutes les mesures de cette espèce qui sont très-variées.

3°. Le *stère*, pour les mesures de volume ou de solidité. Il sert pour le bois de chauffage et remplace la corde, la voie, etc.

4°. Le *litre*, pour les mesures de capacité. Il remplace pour les grains, le muid, le setier, le boisseau ; et pour les liquides, le muid, la velte, la pinte, etc.

5°. Le *gramme*, pour les mesures de poids. Il remplace la livre et ses subdivisions.

6°. Le *franc*, pour les mesures de monnaies. Il remplace la livre tournois.

96. Ces unités ont besoin d'être *multipliées* lorsqu'il s'agit de mesurer des quantités considérables ; il est nécessaire de les *diviser* pour mesurer les petites quantités : de là, les *multiples* ou composés, (1) et les *subdivisions* des mesures légales.

97. Pour former les multiples, on fait précéder le nom de l'unité principale, des mots

	myria	*kilo*	*hecto*	*déca*
qui signifient	10000	1000	100	10.

Pour les subdivisions, ou sous-multiples, on emploie les mots *déci* *centi* *milli* qui signifient dixième, centième, millième.

Ainsi un *myria* vaut 10 *kilo*, un *kilo* vaut 10 *hecto*, un *hecto* vaut 10 *déca*, un *déca* vaut 10 *unités*; une *unité* vaut 10 *déci*, un *déci* vaut 10 *centi* et un *centi* 10 *milli*.

98. Il n'y a point de différence entre un myria et une dizaine de mille, entre un kilo et un mille, un hecto et une centaine, un déca et une dizaine ; entre un déci et un dixième, un centi et un centième, un milli et un millième.

Nota. Nous ne donnons qu'à la fin du traité du système métrique, les exercices sur les multiples et sous-multiples, ainsi que les exercices sur les nouvelles mesures.

---

(1) On appelle *multiple*, le produit d'un nombre répété un certain nombre de fois.

Des Mesures métriques en particulier et de leurs multiples et sous-multiples décimaux.

MESURES DE LONGUEUR.

99. On appelle mesures *linéaires* ou *de longueur*, celles dont on se sert pour mesurer l'étendue considérée comme ligne, comme la longueur d'une route, d'une pièce d'étoffe, la largeur d'une chambre, la hauteur d'un mur, son épaisseur, etc.

100. On divise les mesures linéaires en mesures de *longueur* proprement dites, et en mesures *itinéraires*.

101. L'unité des mesures de longueur est le *mètre*, mesure qui égale la dix-millionième partie du quart du méridien terrestre.

102. On convint de partager le mètre en dix parties plus petites qu'on appela *décimètres* ; le décimètre lui-même en dix parties appelées *centimètres*, parce qu'elles sont la centième partie du mètre ; enfin le centimètre, en dix autres nommées *millimètres*. Ainsi le mètre égale 10 *décimètres* ou 100 *centimètres* ou 1000 *millimètres*.

Le *décimètre* égale 10 *centimètres* ou 100 *millimètres*.

Et le *centimètre*, 10 *millimètres*.

103. Par le même principe, mais en sens inverse, et en partant du mètre, on remonte vers ses multiples décimaux. Ainsi on désigna

Le décamètre qui vaut... 10 mètres,
L'hectomètre .... 100 mètres,
Le kilomètre.......... 1000 mètres,
Le myriamètre .... 10000 mètres.

104. Les trois derniers multiples servent à évaluer les distances géographiques, comme la distance d'une ville à une autre. On les appelle mesures *itinéraires*.

Le kilomètre et le myriamètre sont pris indifféremment pour unité.

MESURES DE SURFACE.

Nous n'entendons parler ici que des surfaces planes.

105. Pour mesurer les surfaces, nous prendrons pour unité un carré connu, et il s'agira de chercher combien de fois la surface dont on veut connaître l'étendue, contiendra le carré pris pour terme de comparaison.

106. Le carré qu'on choisit pour unité de mesure doit être proportionné à la surface qu'on veut évaluer. Par exemple, pour estimer la surface d'un mur, on emploiera le mètre carré ; pour mesurer l'étendue d'une feuille de papier, on fera usage du décimètre carré.

107. On appelle *carré* une figure de quatre côtés égaux et de quatre angles droits, comme on le voit dans la figure ci-dessous.

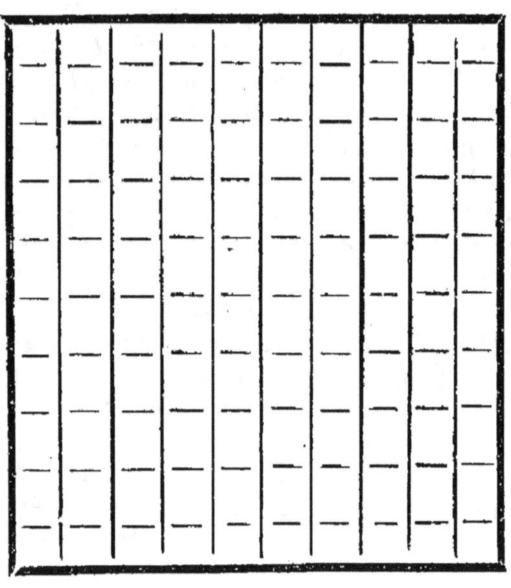

108. Pour évaluer une surface carrée ou rectangulaire (1), il faut multiplier le nombre exprimant la hauteur d'un

---

(1) On appelle *rectangle* une figure dont les angles sont droits et les côtés contigus inégaux.

des côtés, par le nombre qui exprime la hauteur de l'autre côté. Ainsi pour connaître la surface du mètre carré, évaluée en décimètres carrés, en centimètres carrés, ou en millimètres carrés, il faut multiplier 10 par 10, ou 100 par 100, ou 1000 par 1000. (1)

109. Le mètre carré contient donc
$$\begin{cases} 100 \text{ décimètres carrés, } 10 \times 10 = 100 ; \\ 10000 \text{ centimètres carrés, } 100 \times 100 \\ = 10000 ; \\ 1000000 \text{ de millimètres carrés, } 1000 \times \\ 1000 = 1000000. \end{cases}$$

110. Puisque le mètre carré contient 100 décimètres carrés, le décimètre carré 100 centimètres carrés, et le centimètre carré 100 millimètres carrés, on peut avoir à exprimer 99 décimètres carrés, 99 centimètres carrés, 99 millimètres carrés, etc., et par conséquent, dans le calcul, il faut toujours après les mètres carrés, mettre 2 chiffres pour représenter les décimètres carrés, 2 chiffres pour représenter les centimètres carrés, etc.

111. Le 1er chiffre décimal, à la suite des mètres carrés, représente donc les dizaines de décimètres carrés; le 2e les unités; le 3e les dizaines de centimètres carrés, et le 4e les unités, ainsi des autres.

Si par exemple, on avait 6 mètres carrés 4916, on exprimerait 6 mètres carrés 49 décimètres carrés, 16 centimètres carrés. Ou bien, 6 mètres carrés 4916 centimètres carrés.

112. Si le nombre des décimales qui suivent les mètres carrés n'était pas pair, on écrirait un zéro à sa droite, de manière qu'il pût toujours être divisé en tranches de deux chiffres. Si donc on avait le nombre 27 mètres carrés 5 il faudrait dire 27 mètres 50 décimètres, puisque le 5 étant placé immédiatement à la droite des unités, occupe le rang des dizaines de décimètres carrés.

Pour une raison analogue, le nombre 95 mètres carrés 625, s'exprimera 95 mèt. car. 6250 centimèt. car. puisque le 3 occupe le rang des dizaines de centimèt. car.

---

(1) Il est facile de voir par la figure ci-dessus que lorsque le côté d'un carré se divise en 10, 100, 1000, sa superficie s'exprime par 100, 10 000, 1.000.000.

113. Si le nombre à représenter ne contenait que des décimales, on écrirait zéro aux unités, et on donnerait aux chiffres décimaux le rang qu'ils doivent avoir.

Soit à représenter, 1°. 15 décimètres carrés ; 2°. 5 décimèt. car. ; 3°. 6 centimèt. car., on écrirait 0, m. c. 15 ; 0 m. c. 05 ; 0 m. c. 0006.

114. Le mètre carré s'appelle aussi *centiare*, parce qu'il est la centième partie de l'*are*.

115. L'*are* est l'unité des mesures agraires destinée pour l'arpentage. C'est un carré dont les côtés ont 10 mètres de longueur, et qui égale, par conséquent, cent mètres carrés.

116. L'*are* n'a qu'un multiple qui est l'*hectare* (1) mesure de 100 ares. C'est un carré de 100 mètres de côté, et qui égale 10,000 mètres carrés.

117. L'*are* n'a également qu'un sous-multiple qui est le *centiare*, centième partie de l'are, ou un mètre carré.

118. Parmi ces mesures on ne trouve point le déciare (10°. d'are), ni le décare (100 ares), ni le kilare (1000 ares), parce qu'on n'a voulu que des mesures carrées, suivant une progression de cent en cent fois plus forte, et dont le côté fût exprimé par un nombre exact de mètres, ce qui n'aurait pu être, si ces mesures avaient été formées de 10, de 1000 carrés égaux.

MESURES DE VOLUME.

119. On appelle *cube* un corps compris sous six carrés égaux. Sa forme est celle d'un dé à jouer.

---

(1) C'est pour éviter l'hiatus qu'on dit hectare au lieu de hectoare.

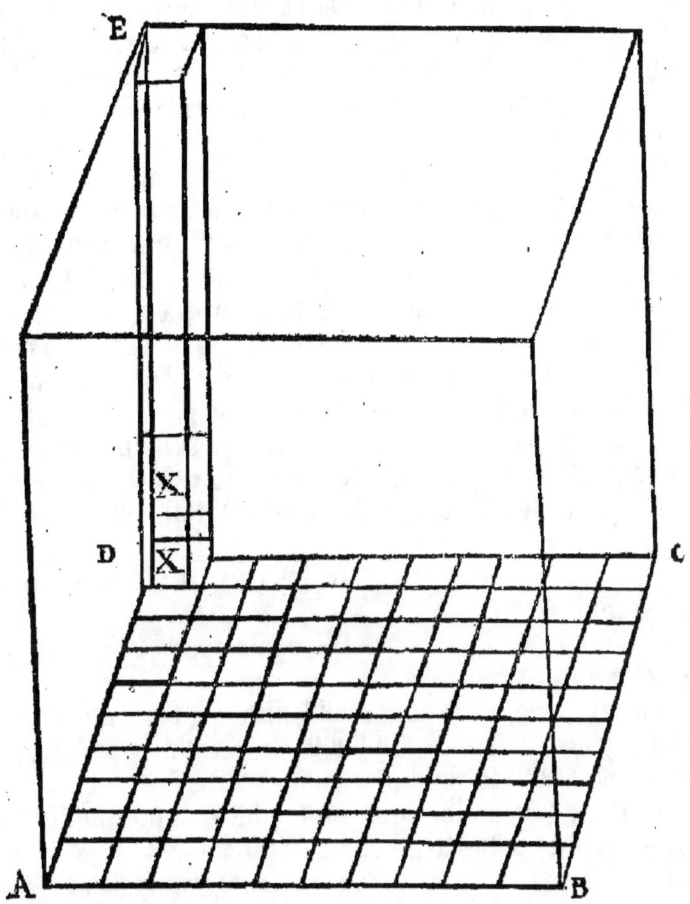

120. Le *mètre cube* est un cube dont les six faces carrées ont un mètre de côté.

121. Le *décimètre cube*, celui dont les six faces carrées ont un décimètre de côté.

122. Le *centimètre cube*, celui dont les six faces carrées ont un centimètre de côté.

123. Le *millimètre cube*, celui dont les six faces carrées ont un millimètre de côté.

124. Pour connaître la solidité d'un cube, il faut d'abord chercher la superficie d'une des six faces, et ensuite multiplier ce produit par la hauteur.

Ainsi soit le mètre cube ABCDE : je suppose que AB

égale 10 décimètres, BC aussi 10 décimètres, je multiplie AB par BC ou 10 par 10, je trouve que la surface ABCD, contient 100 petits décimètres carrés. On peut donc déjà partager un mètre cube en 100 morceaux allongés, qui auront pour base un décimètre carré, et pour hauteur un mètre. Mais si l'on partage cette hauteur d'un mètre DE en dix décimètres, on pourra former avec chacun des 100 premiers morceaux, dix nouveaux morceaux, qui auront pour base un décimètre carré, et pour hauteur un décimètre, et seront, par conséquent, des décimètres cubes. Il est facile de voir par cette démonstration, que le mètre cube contient 1000 décimètres cubes. On eût obtenu ce même résultat en multipliant le nombre 100 exprimant la superficie ABCD par le nombre 10 exprimant la hauteur DE. Donc pour obtenir la solidité d'un cube il faut, etc.

On peut dire aussi que AB contient 100 centi ou 1000 milli.

BC égale aussi 100 centi ou 1000 milli.

DE égale aussi 100 centi ou 1000 milli.

Faisant une opération semblable, on trouvera que le mètre cube contient 1000000 de centimètres cubes, 1.000.000.000 de millimèt. cub.

125. Le mètre cube ne se joint point aux mots multiples. Ainsi on dit : 10 mètres cubes, 100 mètres cubes, 1000 mètres cubes, et non *décamètre cube, hectomètre cube,* etc.; mais il reçoit les trois sous-multiples : *déci, centi, milli.*

126. Puisque le mètre cube égale 1000 décimètres cubes, le décimètre cube 1000 centimètres cubes, et le centimètre cube 1000 millimètres cubes, on peut avoir à exprimer jusqu'à 999 décimètres cubes, 999 centimètres cubes, 999 millimètres cubes, etc., et, par conséquent, dans le calcul, il faut trois chiffres pour représenter les *décimètres cubes,* trois chiffres pour représenter les *centimètres cubes,* trois chiffres pour représenter les *millimètres cubes,* etc.

127. Le premier chiffre décimal qui accompagne les mètres cubes, représente donc les *centaines* de décimètres cubes, le 2ᵉ les *dizaines,* le 3ᵉ les *unités,* et le 4ᵉ représente les *centaines* de centimètres cubes, etc.

Si, par exemple, on avait le nombre 10 mètres cubes 654378, on l'exprimerait 10 mètres cubes 654 décimètres cubes 378 centimètres cubes; ou bien, 10 mètres cubes 654378 centimètres cubes, en donnant à cette réunion de décimales le nom du dernier ordre.

128. Si le nombre des chiffres décimaux qui accompagnent le mètre cube ne pouvait se diviser par tranche de trois chiffres, on mettrait à sa droite un ou deux zéros.

Soit les nombres 27 mèt. cub. 19, et 15 mèt. cub. 4865; on écrirait 27 mèt. cub. 190 décimèt. cub., et 15 mèt. cub. 486 décimèt. cub. 500 centimèt. cub.

MESURES DE BOIS DE CHAUFFAGE.

129. Le mètre cube employé pour mesurer les bois de chauffage prend le nom de *stère*, et l'on dit : 50 stères, 300 stères, 1000 stères, pour dire: 50 mètres cubes de bois, etc.

130. Le *stère* n'a qu'un multiple qui est le *décastère*, mesure de 10 stères; et l'on dit même 10 stères préférablement à un *décastère*.

131. Il n'a aussi qu'un sous-multiple qui est le *décistère*, mesure qui égale un dixième de stère. (1)

132. Il n'en est point du *décistère* comme des unités de décimètres cubes ; celles-ci ne sont que la millième partie du mètre cube, et par conséquent doivent occuper la 3e. place à droite de la virgule, tandis que le décistère étant la même chose que le dixième du stère, se place immédiatement à la droite des unités.

Ainsi le nombre 18 stères 6 s'exprime 18 stères 6 décistères.

MESURES DE CAPACITÉ.

133. On appelle mesures de *capacité* celles qui servent à mesurer les *liquides*, comme l'eau, le vin, etc.; et les matières *sèches*, comme le froment, le seigle, etc.

134. L'unité de mesure choisie a été le décimètre cube auquel on a donné le nom de *litre*.

----

(1) Le *décistère* n'est guère usité que pour évaluer les parties du *stère* employé pour mesurer les bois de construction.

Mais on ne s'en sert pas sous la forme cubique ou de dé à jouer ; sa forme est celle d'un petit cylindre dont la capacité intérieure est d'un décimètre cube.

135. Les subdivisions du *litre* sont :

Le déci-litre ou 10e
Le centi-litre ou 100e } partie du litre.

136. Les multiples sont :

Le déca-litre qui contient   10
L'hecto-litre............   100   } litres.
Le kilo-litre...........   1000

137. Si dans le calcul on prend l'hectolitre pour unité, le premier chiffre décimal exprime les décalitres, le second les litres, le 3e les décilitres, et le 4e les centilitres.

Si on prend le décalitre pour unité, le premier chiffre décimal exprime les litres, le second les décilitres, le 3e les centilitres.

Ainsi les nombres suivants : 1º. 62 hectolitres 5 ; 2º. 34 hectolitres 25 ; 3º. 2 hectolitres 24 litres 6 ; 4º. 9 hectolitres 66 litres 55 ; 5º. 70 décalitres 4 litres 22, s'énoncent : 1º. 62 hectol. 5 décil. ; 2º. 34 hectol. 25 litres ; 3º. 2 hectol. 24 litres 6 décil. ; 4º. 9 hectol. 66 litres 55 centil. ; 5º. 70 décal. 4 litres 22 centilitres.

MESURES DE POIDS.

138. On appelle mesures de *poids* les mesures dont on se sert pour peser.

139. Les savants, après beaucoup d'expériences, ont pris pour unité de poids, un décimètre cube d'eau distillée, c'est-à-dire très-pure, pesée dans le vide à une température de 4 degrés de chaleur. On fit avec un métal nommé *platine*, un poids modèle pesant autant qu'un décimètre cube d'eau distillée.

On prit pour unité de poids la millième partie en pesanteur de ce décimètre cube d'eau, et on lui donna le nom de *gramme*.

Ainsi le *gramme* est un poids équivalent à la millième partie du poids d'un décimètre cube d'eau distillée, et

puisqu'il y a mille centimètres cubes d'eau dans un décimètre cube, le poids du *gramme* est le même que celui de
l'eau contenue dans un centimètre cube.

140. Les subdivisions du gramme sont :

Le déci-gramme ou 10^e
Le centi-gramme ou 100e } partie du gramme.
Le milli-gramme ou 1000^e

141. Les multiples sont :

Le déca-gramme qui égale 10
L'hecto-gramme........... 100 } grammes.
Le kilo-gramme. 1000
Le myria-gramme. 10000

142. L'expression *myriagramme* est peu usitée; on la
remplace ordinairement par celle de *dix kilogr.*

143. Le *quintal métrique* pèse 100 kilogrammes, et le
tonneau de mer en pèse 1000.

144. Le kilogramme étant un poids commode pour les
pesées, a été adopté pour l'unité usuelle des mesures de
poids ; et dans le commerce ordinaire, on compte par kilogr.,
dont les 10e sont des hectogr., et les 100e des décagr.
Ainsi on dit : 12 kilogr. 5 hectogr.; 124 kilogr. 15 décagr.

145. Dans le calcul, le premier chiffre à droite des kilogr.
représente les hectogr.; le 2e, les décagr.; le 3e, les
grammes, etc. Les nombres 29 kilogr. 7 ; 17 kilogr. 25 ;
68 kilogr. 277, s'expriment donc : 29 kilogr. 7 hectogr.;
17 kilogr. 27 décagr. 7 grammes; 68 kilogr. 277 grammes.

146. Cependant dans l'évaluation des choses précieuses,
on prend le *gramme* pour unité; alors le 1er chiffre à droite,
lorsqu'il s'en trouve, exprime les décigrammes; le 2e, les
centigr., et le 3e, les milligr.

MESURES MONÉTAIRES.

147. On appelle mesures *monétaires* celles qui servent
à évaluer le prix des choses.

148. L'unité de monnaie se nomme *franc.*

La pièce d'un franc est un alliage d'argent et de cuivre

qui pèse 5 grammes. Dans le poids de la pièce il y a $\frac{9}{10}$ d'argent et $\frac{1}{10}$ de cuivre.

Ainsi, dans la pièce de 1 franc, il y a 4 gr. 50 de fin, ou d'argent pur, et 50 centigr. de cuivre. Cette quantité de *métal pur* qui entre dans la composition d'une pièce, est ce qu'on appelle *titre*.

149. Le *franc* se partage en dixièmes, centièmes, et millièmes. Mais au lieu d'ajouter, comme pour les autres unités, le mot *franc* aux mots sous-multiples, on dit : décime, centime, millième.

Ainsi le franc égale 10 décimes ou 100 centimes ou 1000 millièmes.

Le décime égale 10 centimes ou 100 millièmes.

Le centime égale 10 millièmes.

Dans les calculs ordinaires, on néglige les parties plus petites que le centime.

150. Le *franc* ne reçoit avant lui aucun des mots multiples; on le compte avec les nombres ordinaires; on dit donc : 10 fr., 100 fr., 1000 fr.

151. La série des pièces de monnaie se compose de 11 pièces, savoir :

2 *en or :* la pièce de 40 fr. et la pièce de 20 fr.; 5 *en argent :* la pièce de 5 fr., la pièce de 2 fr., la pièce de 1 fr., la pièce d'un $\frac{1}{2}$ fr., la pièce d'un $\frac{1}{4}$ de fr.

1 *en billon,* la pièce de 10 centimes.

3 *en cuivre :* la pièce de 1 décime, la pièce de 5 centimes et la pièce de 1 centime.

La pièce de 1 franc pèse 5 grammes.

La pièce de 20 pèse 6 gr. 4516.

Du poids de ces deux pièces on déduit celui des autres pièces d'argent et d'or qui est proportionnel à leur valeur.

RAPPORTS QUI EXISTENT ENTRE DIVERSES PARTIES DU SYSTÈME MÉTRIQUE.

152. Relation du volume de l'eau avec son poids.

Le décimètre cube d'eau pesant 1 kilogramme,

10 décimètres cubes pèseront   10 kilogrammes,

100 décimètres cubes.......   100 kilogrammes.

1000 décimètres cubes... (1 mètre cube).... 1000 kilogrammes.

De même.

100 centimètres cubes pèsent   1 hectogramme,

10 centimètres cubes......   1 décagramme,

1 centimètre cube.......   1 gramme,

100 millimètres cubes.....   1 décigramme,

10 millimètres cubes......   1 centigramme,

1 millimètre cube.......   1 milligramme.

153. Relation de la quantité d'eau contenue dans les différentes mesures de capacité avec le poids de cette eau.

Puisque le litre d'eau (ou décimètre cube) pèse 1 kilogramme,

Le décilitre d'eau pèse   1 hectogramme,

Le centilitre d'eau....   1 décagramme.

Par la même raison.

Le décalitre pèse.......   10 kilogrammes.

L'hectolitre............   100

Le kilolitre.... ......   1000.

154. Comparaison du litre et de ses sous-multiples, avec le mètre cube et ses subdivisions.

Le litre comparé au mètre cube en est la millième partie; il équivaut à 1000 centimètres cubes, 1.000.000 de millimètres cubes.

Le décilitre est la dixième partie du décimètre cube, ou 100 centimètres cubes, ou 100.000 millimètres cubes.

Le centilitre est la centième partie du décimètre cube, ou 10 centimètres cubes, ou 10.000 millimètres cubes.

Le millilitre est la même chose qu'un centimètre cube.

155. Comparaison du poids et de la valeur d'une somme d'argent.

La pièce de 1 franc pesant 5 grammes,

100 pièces de 1 fr. pèseront 500 grammes ou 5 hectogr.

200 pièces de 1 fr......... 1 kilogramme.

Ou bien encore.

20 pièces de 1 fr................ 1 hectogramme,

2 pièces de 1 fr................ 1 décagramme.

Lorsqu'on n'a pas de poids, on peut donc avec des pièces de monnaie peser des marchandises.

Exercices sur les Multiples et Sous-Multiples.

215. *Enoncer.* 52693... 621405... 136040... 437589, 1°. chiffre à chiffre, en commençant par la droite; 2°. en myria, kilo, hecto, déca, unités; 3°. en myria, hecto, unités.

216. 72900342,15...47589,25...32468,75...75705,05... 60100,18...415120,02 en myria, kilo, hecto, déca, unités, déci, centi.

217. 4730,715...21914,026...27089,005 en kilo, déca, unités, centi, milli.

218. *Ecrire en chiffres.* Quatre hecto six déca quatre unités;.... deux hecto quatre déca et quatre unités;.... soixante-huit hecto et quatre unités;.... vingt-cinq déca.

219. Sept kilo cinq hecto deux déca et 9 unités;.... six myria cinq kilo dix déca sept unités;.... soixante-deux myria quatre kilo deux hecto un déca et cinq unités.

220. Quarante-et-un kilo six hecto neuf déca;.... six hecto et un déca;.... quatre myria un hecto et deux unités;.... quatorze kilo vingt-cinq déca.

221. Six kilo dix-neuf unités;.... deux myria deux kilo quatre hecto un déca et deux unités;.... quarante-et-un myria huit kilo et vingt-sept unités.

222. Vingt-sept kilo et neuf déca; ... deux myria sept kilo et cent unités;.... douze kilo quatorze déca et une unité.

223. Treize myria trois hecto et trois unités;.... quinze kilo vingt déca et sept unités;.... cent trente-deux hecto huit déca et quatre unités;.... neuf myria deux cents unités.

224. Vingt-sept myria un kilo six hecto cinq déca et trois unités;.... huit myria sept kilo deux hecto trois déca et trois unités;.... huit myria sept kilo deux hecto trois déca trois unités trois déci;.... cent cinquante hecto quinze unités neuf déci et sept centi;.... quatre-vingt-dix-sept myria vingt unités quinze centi;.... mille quatre cent deux kilo trois déca deux déci.

225. Cent cinquante hecto cinq cent vingt-deux milli;... dix-huit myria vingt-neuf hecto et trois cents milli;... cent deux kilo quarante-deux déca quatre unités quatre déci trois milli;.... six mille deux myria quatre unités six milli et un dix-milli.

Exercices sur les nouvelles mesures.

NUMÉRATION.

226. *Enoncer.* 1578,026 en mètres et millimètres; 170594,25 en myriamètres, kilomètres, hectomètres, décamètres, mètres, décimètres et centimètres; 416783,270 en kilomètres, décamètres, centimètres.

227. 219852,215 en hectomètres, mètres et millimètres; 79594,918 1° en myriamètres, kilomètres, hectomètres, décamètres, mètres, décimètres, centimètres et millimètres; 2° en kilomètres, décamètres, décimètres et millimètres; 3° en hectomètres, mètres et millimètres; 4° en mètres et millimètres.

228. *Ecrire en chiffres.* Six décamètres trois mètres et quatre décimètres ;... sept hectomètres quatre décamètres six mètres et cinq centimètres ;.... deux mille cent vingt-cinq kilomètres deux mètres et vingt-cinq millimètres.

229. Quatre-vingt myriamètres quatre kilomètres neuf hectomètres trente-et-un mètres cinq cent soixante milli-mètres ;.... quatre myriamètres trois hectomètres huit mètres et un centimètre.

230. *Enoncer*. 123 mèt. car. 987654 en mètres carrés, décimètres carrés et millimètres carrés ; 9 mèt. car. 276900 en mètres carrés, centimètres carrés et millimètres carrés ; 15 mèt. car. 600527 en mètres carrés et millimètres carrés.

231. 1072598 mèt. car. 1° en mètres carrés ; 2° en dé-cimètres carrés, centimètres carrés ; 1671589,2 en mètres carrés et millimètres carrés.

232. *Poser*. 7 mètres carrés 218 centimètres carrés ;... 6 mètres carrés 15 décimètres carrés 9 centimètres carrés 1 millimètre carré ;.... 9 mètres carrés 8 centimètres car. ;.... 2309 centimètres car. ;.... 4 décimètres carrés 21 millimètres carrés.

233. *Ecrire en chiffres*. Quinze mètres carrés deux dé-cimètres carrés neuf cent dix millimètres carrés ;... deux cent dix-neuf mètres carrés ;... vingt mètres carrés huit décimètres carrés et vingt-cinq centimètres carrés.

234. Deux cent dix mètres car. vingt-cinq décimètres car ;... douze mètres carrés treize décimètres carrés ;... quinze décimètres carrés deux centimètres carrés dix-huit millimètres carrés ;... huit mètres carrés mille quatre cent deux centimètres carrés ;... trois mètres carrés sept décimètres ;... deux mille trois cent dix décimètres carrés.

235. Sept mètres carrés deux cent dix-huit centimètres car. ;... vingt-deux mille trois cent neuf centimèt. car. ;... quatre décimètres car. vingt-et-un millimètres carrés ;... six mètres car. quatre mille deux millimètres carrés.

236. *Enoncer*. 73611,67 en hectares, ares et centiares ;... 46789,27 en hectares et centiares ;... 27146,2189 en hec-tares, ares, centiares et parties décimales du centiare.

237. *Ecrire en chiffres*. Deux cent sept hectares huit ares neuf centiares ;... cent quarante-huit ares deux cen-tiares ;... deux cent dix centiares ;... trois mille sept cent quatorze ares et sept centiares..

238. *Enoncer*. 512,58975218 en mètres cubes, décimètres cubes, centimètres cubes et millimètres cubes;... 18,560849008 en mètres cubes et millimètres cubes ;... 15,625892 en centimètres cubes et millimètres cubes.

239. *Poser*. 6 mètres cubes 17 décimètres cubes ;... 20 mètres cubes 130 décimètres cubes;... 10 mèt. cub. vingt-huit centimèt. cub. ;... 9 mèt. cub. 41263 centimètres cubes ;... 150 mèt. cub. 875960 millimètres cubes; 701 mèt. cub. 68 décimèt. cub. 2047 millimètres cubes.

240. *Enoncer*. 149,5 en décastères, stères et décistères;... 15,62 en stères, décistères et décimales du décistère;... 6,3 décistères;... 980,7 en décastères et décistères.

241. *Poser*. Cent dix-sept stères et huit décistères;... cent quatre vingt-dix-neuf décastères et huit décistères.

242. *Enoncer*. 1294,13 en hectolitres, décalitres, litres, décilitres et centilitres;... 205768,206 en kilolit., centilit., millilitres.

243. *Ecrire en chiffres*. Huit kilolitres deux hect. quatre décalitres cinq litres quarante-cinq centilitres;... trois hectol. quarante-huit litres;... mille décal. ;... quatre litres un centilitre;... trente hectolitres neuf décilitres.

244. *Enoncer*. 592345 en myriagrammes, kilogr., hectogr., décagr., grammes;... 832674,248 en kilogr., hectogr., grammes, centigr. et milligr.;... 293591 gr. en hectogr., grammes et centigr. ;... 129 décagr. en décigrammes.

345. *Poser*. Vingt-cinq kilogr. trente-deux décagr.;... quatorze kilogr. cent trente-deux grammes;... onze kilog. sept grammes ;... neuf grammes quinze milligr. ;... trente-deux myriagr. quinze hectogr. huit décigr. et un milligr.

ADDITION.

(On pourra faire additionner les nombres renfermés dans chaque N° de la Numération.)

246. Trouver en mètres et parties décimales le total des

nombres suivants : 2 hectomètres 15 mètres 2 millimèt. + 180 décimètres 13 centimèt. + 125 centimètres + 2405 millimèt.

247. Faire la somme des nombres suivants : 124 mètres carrés + 95 mètres carrés 2 décimètres carrés + 15 mètres carrés 209 décimètres car. + 1 mètre car. + 410 décamèt. carrés + 929 mètres car. 9 décimètres car.

248. Dites combien il y a d'ares, centiares et parties décimales de centiare dans le nombre ci-dessus.

249. Trouver combien il y a d'ares et centiares dans la totalité des nombres suivants : 498 hectares 6 ares 15 + 19 hect. 1 cent. + 2 dizaines d'ares et 9 dizaines de centiares.

250. Additionner les nombres 15 mètres cubes + 15 décimètres cubes + 24160 centimètres cubes et dire combien il y a de mèt. cub. dans le total?

251. Dites le nombre de stères que renferme le montant des nombres ci-dessus.

252. Trouver combien il y a d'hectolitres et de litres de vin dans trois barriques contenant : la 1re 25 décalitres, la 2e 4150 décalitres, et la 3e trois hectolitres?

253. Combien y a-t-il de kilogr. et de grammes dans 113 kilogr. 55 grammes + 1214 hectogr. 38 grammes + 12 myriagrammes 16 décagr. + 13456 décagr.

SOUSTRACTION.

254. Quelle différence y a-t-il entre 3 myriamètres 32 hectomèt. et 150 kilomètres 66 décamètres?

255. De 4955 mètres carrés 5 décimètres carrés, ôter 4367 mètres carrés.

256. De 1628 hectares, si on ôte 15 hectares 25 ares 13 centiares, combien restera-t-il d'ares et centiares?

257. De 140 stères, ôter 12 décastères + 9 stères 7 décistères.

258. Que restera-t-il de 79 hectolitres après avoir ôté de ce nombre 528 décalitres 15 centilitres?

259. Un porte-faix peut porter 17 myriagr. 38 hectogr.; un autre porte 154 kilogr. 29 gr. + 4 hectogr. 3 décagr. : lequel des deux est le plus fort?

MULTIPLICATION.

260. Combien coûteront 72 dizaines de mètres à 5 fr. 55 le mètre?

261. A 1 fr. 96 le décimètre carré, combien 29 mètres carrés, 15 décimètres carrés?

262. Quel est en centimètres carrés la superficie d'une glace de 2 mètres 5 décimètres de longueur sur 199 centimètres de largeur?

263. A 595 fr. l'are, combien l'hectare?

264. A 7 fr. 20 le stère, combien 3 décastères 15 décist.?

265. Quel est le produit de 25 stères par 2 décastères 9 décistères?

266. Quel est en hectolitres le produit de 580 décalitres et de 579 litres?

267. A 58 fr. l'hectolitre, combien 240 décalitres?

268. Quel est en kilog. le produit de 12 myriagrammes 60 hectogr. et de 579 hectogr.?

269. A 125 fr. 50 le kilogr., combien 250 décagr. 3 gr.?

DIVISION.

270. Quel est, à une unité près, le quotient de 960 kilomètres divisés par 30 hectomètres 25 mètres 9 centimètres?

271. Lorsque le prix de 10 mètres est 55 fr., combien de mètres pour 659 fr.?

272. Faites-nous connaître, en poussant la division jusqu'au 4e chiffre décimal inclusivement, le quotient de 0 mètre carré 8484 par 7 unités.

273. 62 murs de même étendue ont ensemble 5545 mèt. car. 840 de superficie, quelle est la superficie de chacun?

274. Lorsque 5 décimètres car. coûtent 75 fr., combien coûtent 1°. 18 mètres carrés; 2°. 10000 centimètres carrés?

275. Combien aurait-t-on d'hectares, ares et centiares pour 10000 fr., à 46 fr. 50 l'are?

276. Divisez 1739 hectares par 5895, en poussant la division jusqu'aux millièmes inclusivement, et dites quelle est la nature des unités du quotient.

4

277. Quel est en décastères, stères et décistères, le quotient de 6595 stères par 0,75 ?

278. Lorsque le demi-décastère coûte 67 fr., combien coûte le double stère ?

279. A 187 fr. le mètre cube de marbre, combien 125 décimètres cubes ?

280. Divisez 75 hectolitres 9 litres 25 centilitres par 90,25, et faites connaître la nature des unités du quotient ?

281. Lorsqu'on a 4 litres d'une certaine liqueur pour 150 fr., à combien est-ce le décalitre ?

282. Un certain objet pèse 25 fois un hectogramme, quel est son poids en kilogr.

283. Divisez 18 hectogr. 20 grammes 75 milligr., par 27,50.

284. Combien y a-t-il de pièces de 25 centimes dans 400 fr. ?

CONVERSION DES MESURES.

Livres tournois. Multipliez-les par 0,988 pour les réduire en francs.

Francs. Multipliez-les par 1,0125 pour les réduire en livres tournois.

Sous. Multipliez-les par 0,049 pour les réduire en francs.

Deniers. Multipliez-les par 0,004 pour les réduire en francs.

Aunes. Multipliez-les par 1,188 pour les réduire en mètres, et multipliez les mètres par 0,841 pour les réduire en aunes.

Toises. Multipliez-les par 1,949 pour les réduire en mètres, et les mètres par 0,513 pour les réduire en toises.

Pieds. Multipliez-les par 0,325 pour les réduire en mètres, et multipliez les mètres par 3,078 pour les réduire en pieds.

Pouces. Multipliez-les par 0,027 pour les réduire en mètres, et les mètres par 36,941 pour les réduire en pouces.

Lieues terrestres (2280 toises). Multipliez-les par 4,4444 pour les réduire en kilomètres, et les kilomètres par 0,225 pour les réduire en lieues.

Lieues marines (2850 toises). Multipliez les par 5,556 pour avoir des kilomètres, et multipliez les kilomètres par 0,18 pour avoir des lieues marines.

Toises carrées. Multipliez-les par 3,798 pour les réduire en mètres carrés, et multipliez les mètres carrés par 0,263 pour les réduire en toises carrées.

Pieds carrés. Multipliez-les par 0,1055 pour avoir des mètres carrés, et multipliez les mètres carrés par 9,477 pour avoir des pieds carrés.

Pouces carrés. Multipliez-les par 0,00073278 pour avoir des mètres carrés, et les mètres carrés par 1364,66 pour avoir des pouces carrés.

Arpents (eaux et forêts). Multipliez-les par 0,5107 pour

les réduire en hectares, et multipliez les hectares par 1,958 pour les réduire en arpents (eaux et forêts).

Arpents (de Paris). Multipliez-les par 0,3419 pour avoir des hectares, et multipliez les hectares (1) par 2,9249 pour avoir des arpents.

Toises cubes. Multipliez-les par 7,404 pour les réduire en mètres cubes, et les mètres cubes par 0,135 pour les réduire en toises cubes.

Pieds cubes. Multipliez-les par 0,0343 pour les réduire en mètres cubes, et les mètres cubes par 29,1739 pour avoir des pieds cubes.

Pouces cubes. Multipliez-les par 0,000019836 pour avoir des mètres cubes , et les mètres cubes par 50412,42 pour avoir des pouces cubes.

Cordes de bois (eaux et forêts). Multipliez-les par 3,8391 pour avoir des stères, et les stères par 0,2604 pour avoir des cordes.

Pintes. Multipliez-les par 0,931 pour les réduire en litres.

Litres. Multipliez-les par 1,074 pour les réduire en pintes.

Muids de vin (de Paris). Multipliez-les par 2,6822 pour avoir des hectolitres, et les hectolitres par 0,3728 pour avoir des muids.

Décalitres. Multipliez-les par 0,7687 pour les réduire en boisseaux, et les boisseaux par 1,301 pour avoir des décalitres.

Setiers. Multipliez-les par 1,561 pour les réduire en hectolitres, et les hectolitres par 0,6406 pour les réduire en setiers.

Kilogrammes. Multipliez-les par 2,043 pour les réduire en livres, et les livres par 0,489 pour les réduire en kilogrammes.

Onces. Multipliez-les par 0,031 pour les réduire en kilogrammes, et les kilogr. par 32,686 pour les réduire en onces.

Gros. Multipliez-les par 0,0038 pour avoir des kilogrammes, et le kilogr. par 261,49 pour avoir des gros.

---

(1) On conçoit que si au lieu d'arpents on avait des perches carrées à réduire en hectares, il faudrait les multiplier par la valeur de l'arpent en hectares après avoir divisé ce rapport par 100, puisque la perche est la 100ᵉ partie de l'arpent.

Grains. Multipliez-les par 0,00005 pour avoir des kilogrammes, et les kilogr. par 18827,15 pour avoir des grains.

Quintaux. Multipliez-les par 4,8951 pour les réduire en myriagrammes, et les myriagrammes par 0,20429 pour les réduire en quintaux.

PROBLÈMES DE RÉCAPITULATION

Sur les propriétés de la Numération et sur les quatre Opérations fondamentales appliquées très-fréquemment au Système métrique.

285. Rendez le nombre 0,05, 1°. mille fois plus petit; 2°. dix mille fois plus petit.

286. Supprimez les zéros que renferme le nombre 5,000004, et dites combien de fois le nombre 4 est devenu plus grand.

287. Retranchez les zéros qui sont à la droite du nombre 2,7000, et dites si la valeur de ce nombre est changée.

288. Si au lieu d'écrire 0,0030, j'écrivais 30,000, de combien le dernier nombre serait-il plus grand que le 1er?

289. Convertissez 0,6 en millionièmes; 7,4 en millièmes, 42 en centièmes, et dites si la valeur de ces nombres a changé, et pourquoi?

290. Combien y a-t-il de francs dans 2000 centimes.... 430 décimes.... 1000000 de millièmes... 10 millions de millionièmes.... 2 billions de billionièmes?

291. Combien y a-t-il de décimes dans 100 centimes... 205 millièmes... 457890 millionièmes?

292. Combien y a-t-il de décimètres dans 150 hectomèt.... 7 myriamèt.... 33 kilomèt.... 20 mèt.... 500 centimèt.... 7590 millimètres?

293. Combien y a-t-il de décimes et de centimes dans 1 fr.... 207 fr.... 4400 fr.... 16 fr.?

294. Combien y a-t-il 1°. de décimètres, 2°. de centimètres dans 1 myriamètre.... 2 kilomètres.... 40 hectomètres.... 12 décamèt.... 99 mètres?

295. Combien y a-t-il 1°. de mètres, 2°. de décamèt.

dans 500 décimèt... 1000 centimètres... 15000 millimètres ?

296. Combien y a-t-il 1°. d'hectomèt., 2°. de kilomèt., 3°. de myriamèt. dans 10000 mètres... 5000 décamèt... 167897 décimèt... 1000000 de centimètres ?

297. Combien y a-t-il de mèt. car. dans 1000 décimèt. car.... 100000 centimèt. car.... 1000000 de millimètres carrés ?

298. Combien y a-t-il 1°. de décimètres carrés, 2°. de millimètres carrés dans 1 mèt. car.... 15 mèt. car.... 170 mèt. car.... 2459 mèt. car. ?

299. Combien y a-t-il de centimètres carrés dans 8 mèt. car. et 5 décimèt. car.... 150 mèt. car....78 décimèt. car. ?

500. Combien y a-t-il d'ares dans 1 hectare... 2455 hectares... 100 centiares... 7981 centiares ?

501. Combien y a-t-il de centiares dans 1 are... 1 hec... 160 ares... 28 hectares ?

502. Combien y a-t-il de mèt. cub. dans 1000 décimèt. cub... 271000 décimèt. cub... 1000000 de centimèt. cub... 10.000.000.000 de millimèt. cub. ?

505. Combien y a-t-il de décimètres cubes dans 15 mèt. cub. 1000 centimèt. cub..... 28790 centimèt. cub..... 1000000 de millimèt. cub. ?

504. Combien y a-t-il de centimètres cubes dans 7 mèt. cub... 204 mèt. cub... 245 décimèt. cub. ?

505. Combien y a-t-il de stères dans 1 décastère... 240 décast... 27 décist... 8460 décistères ?

506. Combien y a-t-il de décastères dans 100 stères... 2420 stères... 8799 décist. ?

507. Combien y a-t-il de décist. dans 20 stères... 1 stère... 24 décastères ?

508. Combien y a-t-il de litres dans 7 décal.... 20 hectol.... 26 décalit.... 40 décilit.... 100 centilit. ?

509. Combien y a-t-il 1°. de décalitres, 2°. d'hectolitres, dans 100 lit.... 2470 lit.... 5785 décilit.... 1000000 de centilit. ?

510. Combien y a-t-il de décilitres, de centilitres, dans 1 hectolit.... 29 hectolit.... 9 décalit.... 27 litres ?

511. Combien y a-t-il de grammes dans 1 myriagr.... 10 kilogr.... 5 hectogr.... 60 décagr.... 10 décigr.... 25 décigr.... 799 centigr. ?

312. Combien y a-t-il de kilogrammes dans 10 hectogr.... 729 hectogr.... 100 décagr.... 80741 décagr.... 2000 grammes.... 100000 centigr.... 1000000 de milligrammes ?

313. Combien y a-t-il d'hectogr. et de décagr. dans 1 kilogr.... 250 kilogr.... 1000 grammes.... 9990 décigr.... 100000 centigr. ?

314. Combien y a-t-il de décigrammes et de centigrammes dans 1 kilogr... 25 hectogr... 13 décagr... et 25 myriagr. ?

315. Additionnez 986 trillons 608 billions 40 mille 7 unités 215 millièmes + 27 trillions 60 billions 8 millions 33 unités 12 millièmes + 1 trillion 5 billions 16 millions 29 unités 24 dix-millièmes.

316. Combien y a-t-il d'unités dans 127996054 billionièmes + 14 billions de millionièmes + 877005 dix-millièmes + 907500 millièmes + 10000 centièmes ?

317. On a acheté 5 prairies, la 1re a 40000 mètres carrés de superficie; la 2e, 12700 mèt. car.; la 3e, 8 millions de mètres car.; la 4e, 124000 mètres carrés : combien l'acheteur a-t-il d'ares et d'hectares de terre ?

318. Les élèves d'une école sont divisés en 5 classes : la 1re en a 28, la 2e 12 de plus, la 3e en a 17 de moins que la 1re et la 2e, la 4e 8 de plus que la 3e, et la 5e 15 de plus que la 4e : combien y a-t-il d'élèves en tout ?

319. Un charpentier avait 432 mèt. car. de plancher à faire; il en a fait 24645 décimèt. car. : combien lui en reste-t-il à faire ?

320. Le Mont-Perdu (dans les Pyrénées) a de hauteur 3410 mèt.; et le Mont-Blanc (en Suisse), 4797 mèt. : de combien l'un est-il plus haut que l'autre ?

321. Un propriétaire a 4 terres : la 1re contient 800000 hectares; la 2e, 40016 ares; la 3e, 1 hectare 15 ares 6 centiares; la 4e, 7 hectares 118 centiares : quelle est en hectares et centiares la superficie totale de ces terres ?

322. Un ouvrier a fait en 15 jours 56 mètres d'ouvrage qui lui ont été payés 290 fr.; en 9 jours il a fait 32 mèt. payés 160 fr.; enfin, en 5 jours, 24 mèt. payés 102 fr. : on demande combien il a travaillé de jours; combien il a fait de mèt. d'ouvrage, et combien il a reçu en totalité.

323. Un banquier avait dans sa caisse 39719 fr., mais il

a fait trois paiements : le 1ᵉʳ de 1711 fr., le second du double du 1ᵉʳ, et le 3ᵉ du tiers du 1ᵉʳ : que lui reste-t-il en caisse ?

324. Un particulier doit 11192 fr. ; pour payer ses dettes il a vendu un verger pour la somme de 5130 fr., plus une maison estimée 2000 fr. : on demande combien il doit encore.

325. L'étendue du département du Rhône est d'environ 279 hectares 081 ; celle de la Seine-Inférieure de 602 h. 912 ; celle de la Côte-d'Or de 856 h. 445 ; celle de l'Indre-et-Loire de 611 h. 679 ; celle de la Gironde de 975 h. 100 : quelle est, 1°. en hectares, 2°. en mètres carrés, la superficie totale de ces départements ?

326. Une succession a été ainsi partagée : un premier héritier a eu 2940 fr. ; un second 470 fr. de plus que le premier : un troisième 210 fr. de moins que le second ; de plus, 1400 fr. ont été distribués aux pauvres, 560 fr. légués à l'Église : quelle était la fortune du défunt ?

327. Un marchand a vendu 4 pains de sucre : le 1ᵉʳ pesait 6 kilogrammes, le 2ᵉ 635 décagr., le 3ᵉ 59 hectogr., le 4ᵉ 48 hectogr. 7 grammes : combien cela fait-il de kilogr., d'hectogr., de décagr. et de grammes ?

328. Un maître maçon emploie 3 ouvriers : le premier a fait dans sa semaine 17 mèt. 47, le second 7 mèt. de moins que le dernier, et le troisième 32 m. de plus que le premier : combien ont-ils fait d'ouvrage en tout ?

329. Une femme a acheté 15 kilogr. de viande à 0,65 centimes le kilogr. : combien a-t-elle payé en tout ?

330. Il y a deux chemins pour se rendre d'un certain bourg à Orléans ; par l'un il y a 47 kilomèt. 640, par l'autre 36 myriamèt. 576 : de combien le premier est-il plus court que le dernier ?

331. Le revenu territorial approximatif du département de Maine-et-Loire est de 23979000 fr. ; celui de l'Ille-et-Vilaine, de 19477000 fr. ; celui de la Loire-Inférieure, de 18904000 fr. ; celui du Morbihan, de 14741000 fr. ; celui des Côtes-du-Nord, de 19258000 fr. ; celui du Finistère, de 15328000 fr. : quel est le revenu de ces six départements ?

332. Un volume a 475 pages, chaque page est supposée contenir 385 mots : combien y aura-t-il de mots dans le volume ?

333. Dans ce même volume, chaque page est supposée

contenir 1728 lettres : combien y aura-t-il de lettres dans le volume ?

334. Un épicier reçoit 4 caisses contenant chacune 2342 hectogr. 8 gr.; 3 autres caisses qui contiennent chacune 114 décagr. et il en attend 2 autres qui doivent contenir chacune 25 kilogr. 175 gr. : *cherchez par l'addition seulement* le poids total de ces marchandises.

335. On a acheté 3250 litres de froment pour la somme de 893 fr. : on demande le prix du décalitre.

336. Un écolier veut savoir combien d'heures il y a encore jusqu'aux vacances, ayant encore 18 jours à attendre, et sachant que chaque jour est composé de 24 heures.

337. Si le même voulait savoir combien il y aurait de minutes à attendre, sachant qu'il a encore 15 jours et aussi que l'heure se compose de 60 minutes ?

338. Un marchand reçoit 4 ballots par la messagerie : le 1er pèse 47 kilogr. 46, le second 69 kilogr. 13, le troisième 48 hectogr. 7, et le quatrième 137 hectogr. 08 : combien a-t-il en tout de kilogr. ?

339. Napoléon fut élu empereur le 18 mai 1804; il abdiqua le 11 Avril 1814 : combien d'années régna-t-il ?

340. Une meule de fromage pesant 58 livres a été achetée 27 fr. : on demande quel est le prix du kilogramme ?

341. On a payé une autre meule de fromage 37 fr. : on demande combien elle contient de kilogrammes, si un seul vaut 0 fr. 48.

342. Un négociant a fait venir 2903 hectolitres de vin de Bordeaux; il l'a payé à Bordeaux 98 fr. 75 c. l'hectolitre : quel en a été le prix total ?

343. De plus ce même négociant a payé, pour transport par mer, 5 fr. 95 par hectolitre : combien a-t-il déboursé ?

344. Louis XVIII fit sa première entrée à Paris le 3 Mai 1814, il en sortit le 9 Mars 1815 : combien y eut-il d'intervalle entre son entrée et sa sortie ?

345. Des travailleurs ont fait un fossé long de 200 toises 50 ; un 2e, de 49 toises 95 millièmes de toises ; un 3e, de 109 toises 329 millièmes : on demande la longueur totale en mètres, de ces 3 fossés.

346. On a payé pour 465 mètres 24 centimètres d'ouvrage, une somme de 1256 fr. 148 : on demande à combien revient le mètre.

347. Un marchand de poterie a fait faire 504 pots en 15 jours et 11 heures; un 2ᵉ en a fait faire 328 en 13 jours et 9 heures; un 3ᵉ 689 en 20 jours et 17 heures; enfin un 4ᵉ, 204 en 5 jours et 15 heures : on demande combien de pots ont été fabriqués et en combien de temps.

348. Un loueur de chevaux a 25 chevaux dans ses écuries; il les a loués tous 75 fois chacun pendant 3 mois; à chaque fois il les a loués 2 fr. 95 : on demande 1°. combien il y a eu de jours de louage; 2°. combien il a dû recevoir d'argent.

349. Un écrivain a fait marché pour écrire 9 heures par jour, il écrit de suite pendant 12 jours : on demande combien d'heures il aura passé à écrire.

350. Pendant une heure il devait écrire 4 pages : on demande combien de pages il écrivait par jour.

351. Enfin chaque page contenait 25 lignes : on demande combien de lignes il aura écrit au bout des 12 jours.

352. Un bureau de bienfaisance a donné aux pauvres en 1828, 990 milliers de mottes à brûler; en 1829, 800 milliers 500 mottes; dans les deux années 1830 et 1831 réunies, on a été obligé d'en donner 2 millions 580 milliers : combien a-t-on donné de plus dans les deux dernières années que dans les deux premières ?

353. Un acheteur demande 100 hectolitres 50 litres de blé, 2004 décalit. 60 de seigle, 20010 litres 7 d'orge, enfin 30 mille 27 décilitres de blé noir : on demande quelle est en décalit. et décilit. la somme de ces mesures.

354. Un aubergiste a acheté 327 hectolit. de vin qui lui coûtent, rendus chez lui, 6540 fr. : on demande combien il doit vendre le litre de ce vin pour gagner 0,12 c. par litre.

355. On présume que dans une année on a fait entrer dans la ville de Nantes, 200199 hectolitres de vin : si pour chaque hectolit. on a payé 12 fr. 57 c. de droit, quelle a été la somme totale reçue ?

356. Un raffineur a fait dans une année, 80 mille kilogr. de sucre; un autre 100 mille 27 hectogr.; un 3ᵉ, 109 mille 105 kilogr.; un 4ᵉ, 150 mille kilogr. : combien y a-t-il en tout de kilogr. de sucre ?

357. Le premier en a vendu 750 hectogr. pour une

somme de 112 fr. 50 c. ; le 2ᵉ en a vendu 900 hectogr. pour celle de 75 fr. 80 c. ; le 3ᵉ en a vendu 120 hectogr. pour celle de 100 fr. 10 c. ; le 4ᵉ en a vendu 95 kilogr., pour celle de 75 fr. 05 c. : on demande 1°. combien ils ont vendu d'hectogr. de sucre ; 2°. quelle somme ils en ont tirée.

358. Un confiseur a fait dans l'année 310 mille 6 kilogr. de dragées : en ne mettant le prix de chaque kilogr. qu'à 2 fr. 87 , combien le tout vaudrait-il ?

359. En supposant qu'il y eût 135 dragées dans chaque kilogr., combien y en aurait-il en tout ?

360. Un litre de liqueur a coûté 5 fr., on suppose qu'il contient 50 petits verres : à combien reviendra le petit verre ?

361. Une marchande de pommes en a porté dans un établissement 7205 ; elle en a cédé à une voisine 1910 ; elle en a vendu au marché 514 ; il lui en reste encore 409 : combien en avait-elle en tout ?

362. Un épicier a acheté 118 kilog. de savon ; 225 décagr. de cannelle ; 78 kilogr. de sucre ; 14100 gr. de poivre ; 64 kilogr. d'huile : quel est le total de ces marchandises ?

363. Un marchand de bois avait dans son chantier 924 stères 89 centistères de chêne, 924 stères 25 centistères de hêtre, 475 stères de frène : on demande la quantité totale de stères ?

364. Un père a 3 enfants et il leur dit au 1ᵉʳ de l'an : voilà pour étrennes 124 fr. 95 c. ; Jean aura le tiers de cette somme ; François aura le tiers de ce qui restera ; et enfin le dernier reste sera partagé en 6 parts ; Marie en aura une part et le reste sera donné aux pauvres : combien aura chacun des enfants ?

365. Un marchand de drap a vendu dans trois mois 1797 mèt. 65 centimèt. de drap ; le mètre étant estimé 5 fr. 87 c., quelle aura été sa recette ?

366. Un ouvrier devait faire 254 mèt. 48 de drap, il en a fait 105 mèt., combien lui en reste-t-il à faire ?

367. Un particulier avait 126 hectares de pré ; il en a vendu 250 ares, combien lui reste-t-il d'ares ?

368. Un marchand avait dans sa cave 1701 hectolit. 26 litres de vins de toutes espèces, et il ne lui reste que 1218 décalit. : dites ce qu'il a vendu.

369. On a planchéié 8 appartements de chacun 24 mèt. car. 1406 centimèt. car. : combien a-t-on fait de mèt. carrés de plancher?

370. Deux blocs de granit sont à vendre : le 1ᵉʳ contient 6 mèt. cub. 105 décimèt. cub.; le 2ᵉ 5 mèt. cub. 46 décimèt. cub. : combien le 1ᵉʳ bloc contient-il de mètres cubes de plus que le second?

371. Le produit de deux nombres est 264 mètres carrés 86 décimèt. car.; l'un de ces nombres est 16 mèt. 40 : quel est l'autre?

372. Un négociant a acheté à Guérande 305040 hectogr. de sel; on lui en a déjà livré 1702 myriagr. 40 : combien doit-il encore recevoir de kilogr.?

373. Paul devait à son maître pour sa ferme 200 fr. 75 c.; il lui a donné 15 poulets estimés 10 fr. 65 c.; 30 livres de beurre, estimées 21 fr. 42 c. : combien lui redevra-t-il?

374. Une marchande de fruits donne son compte comme suit : J'ai fourni à Madame pour 1 fr. 65 c. de poires; pour 1 fr. 45 c. de pommes, et pour 3 fr. 60 c. de prunes. Mᵐᵉ m'a donné une première fois 1 fr. 40 c., et une seconde 0,95 c. : on demande combien la marchande a reçu et combien cette dame lui redevra encore.

375. Un plâtrier a employé 13 ouvriers pendant 46 jours; chacun a fait 29 mèt. et 50 c. d'ouvrage par jour; chaque mètre a été payé à raison de 3 fr. 78 c. : on demande 1°. combien ils ont fait de mètres de plâtrerie; 2°. combien ce plâtrier a dû recevoir pour ses travaux.

376. Une pièce de drap de 46 aunes a été payée 468 fr. 50 c. : à combien revient le mètre?

377. Un homme lit 49 pages par heure : combien aura-t-il lu au bout de huit jours, en supposant qu'il lise 7 heures par jour?

378. Un homme avait 3 troupeaux : le 1ᵉʳ, de 100 moutons; le 2ᵉ, de 98; le 3ᵉ, de 148 moutons. Il en a livré aux bouchers 79, onze ont été mangés par les loups, 40 sont crevés par suite d'une épidémie : combien doit-il lui en rester?

379. A quel nombre faut-il ajouter 0,326 pour que la somme soit une unité?

380. Quel est le nombre qui, ajouté à 764 fr. 7, donne 1000 fr.?

381. On veut partager 100000 en deux parties dont l'une soit 2 : quelle sera l'autre partie ?

382. Une horloge marque 5 heures 45 minutes 17 secondes : quelle heure est-il à une autre horloge qui avance sur la première de 1 heure 28 minutes 15 secondes ?

383. Un fermier a récolté 10 hectol. 50 de châtaignes : on demande 1°. combien cela fait de décalitres ; 2°. combien de châtaignes il a récolté, si chaque décalitre en contient 779.

384. Un champ a 900 mètres de long sur 450 de large : on désire savoir combien il a d'ares et de centiares en superficie.

385. Pour faire un certain ouvrage, on a employé 4 ouvriers : le 1er y a travaillé pendant 9 jours 5 heures ; le 2e, pendant 3 jours 4 heures 35 minutes ; le 3e, pendant 3 jours 8 heures 20 minutes ; le 4e, pendant 1 jour 7 heures 50 minutes : combien de temps ont-ils mis ensemble à faire cet ouvrage ?

386. L'Amérique a été découverte en 1492 : combien y avait-il que cette découverte était faite en 1841 ?

387. Un pot plein de beurre, pèse 30 kilogr. 25 ; vide, il ne pèse plus que 450 décagr. : quel est le poids du beurre contenu dans ce pot ?

388. Si d'un champ qui contient 30 hectares, je cède 95 ares 7 centiares, combien me restera-t-il de terre ?

389. Evaluez à un cent-millième près, le quotient de 0,32 par 0,11.

390. Divisez 15 par 37, de manière que l'erreur ne soit pas d'un dix-millième.

391. Un marchand de vin a acheté 100 hectol. de vin 5500 fr. : combien l'a-t-il acheté l'hectolitre ?

392. Sur ce marché il veut gagner 600 fr. : combien faudra-t-il qu'il vende l'hectolitre ?

393. Un père laisse 15600 fr. à ses héritiers, en leur enjoignant d'acquitter deux dettes ; l'une de 350 fr., l'autre de 468 fr. : combien reviendra-t-il à ses héritiers ?

394. Une maison a coûté 4598 fr. ; on a fait faire pour 219 fr. 75 c. de réparation et on voudrait la revendre en gagnant 400 fr. : combien faudra-t-il la vendre ?

395. On a mélangé 189 kilogr. de nitre avec 320 hec-

togr. de charbon et 3200 décagr. de soufre pour faire de la poudre à canon : combien a-t-on obtenu de kilogrammes de poudre?

396. Douze cloutiers feront chacun 4 clous par minute : on demande combien ils en auront fait au bout de la journée, en supposant qu'ils aient travaillé pendant 9 heures.

397. On demande combien il y a 1°. de kilomètres, 2°. de lieues métriques (de 2000 toises) dans 94 mille toises.

398. Une jeune personne est entrée au couvent le 29 Mars 1842; elle est morte le 24 Août 1855 âgée de 26 ans : en quelle année est-elle née, et quel âge avait-elle à son entrée en religion?

399. L'eau d'un puits a 30 pieds de profondeur; et il s'en faut de 15 pieds 6 pouces qu'elle n'atteigne l'extrémité supérieure de ce puits : combien a-t-il de mètres et parties décimales en profondeur?

400. On a fait marché avec un ouvrier pour 37750 décimèt. car. de parquet à raison de 28 fr. 76 c. le mètre : combien lui devra-t-on?

401. Une personne charitable avait au commencement de la semaine une somme de 150 fr. qu'elle a distribuée en aumônes de la manière suivante : le 1er jour elle a partagé 15 fr. 50 entre 22 pauvres; le 2e jour, 12 fr. entre 15 pauvres; le 3e jour, 15 fr. entre 26 pauvres; le 4e jour, 19 fr. 50 c. entre 28; le 5e jour, 6 fr. entre 12 pauvres; le 6e jour, 7 fr. 75 c. entre 8 pauvres; le Samedi au soir, il lui restait encore une certaine somme qu'elle a déposée à un bureau de bienfaisance. Dites quelle était cette somme, et à combien de pauvres elle a fait l'aumône.

402. Trois jeunes personnes ont été gratifiées d'une somme de 1200 fr. dont chacune doit avoir une égale part : la 1re ayant une dette à acquitter sous le plus bref délai a pris 460 fr. sur cette somme; la 2e, sur le point de s'établir, prend 600 fr. pour monter son ménage : que reste-t-il à la 3e, et combien chacune des deux 1res lui doit-t-elle?

403. Il manque 95 grammes 20 centigr. à un corps pour qu'il pèse 1 kilogr. : quel est son poids?

404. Une personne achette dans un magasin d'épicerie 3 kilogr. de sucre à 1 fr. 30 le kilogr.; 4 kilogr. de café à 5 fr. 15 c. le kilogr.; 6 kilogr. de riz à 0 fr. 80 c. le kilogr.;

trouver par la seule addition combien cette personne devra à l'épicier.

405. Quelqu'un a acheté 397 kilogr. de café, à raison de 5 fr. 75 c. le kilogr., plus 4579 kilogr. 23 d'huile, à 3 fr. 50 c. : combien a-t-il payé?

406. Un homme a acheté une barrique de vin 55 fr. : combien faudra-t-il qu'il vende le litre pour n'y pas perdre? On sait qu'il y a 240 litres dans une barrique.

407. Mais il veut gagner 17 fr. sur la barrique : combien faudra-t-il qu'il vende le litre?

408. Un jeune homme a copié un cahier de 327 pages ; on lui a donné 21 fr. 75 c. : on demande combien chaque page se trouve payée.

409. Ce jeune homme écrivait 3 pages par heure, et il travaillait 8 heures par jour : on demande combien de jours il a mis à copier ce cahier de 327 pages.

410. Un propriétaire a 28 vendangeurs ; il paie chacun à raison de 0 fr. 85 c. par jour : on demande combien il aura à payer à la fin de la journée.

411. Si les vendanges duraient 17 jours, combien dépenserait-t-il en tout?

412. Des maçons ont fait 925 toises cubes de maçonnerie qui leur ont été payées 14724 fr. 75 c. : on demande combien cela fait par mètre cube.

413. Un homme allait tous les jours au cabaret, et y dépensait chaque jour 1 fr. 50 c. : on demande combien de jours il a dû mettre pour dépenser la somme de 97 fr. 50 c.

414. Une barrique contient ordinairement 2 hectolitres 40 : on demande combien de litres a un homme qui a dans son cellier 368 barriques.

415. Je suppose qu'il y ait 2299 grains de mil dans un décalitre : combien y en aurait-il dans 2 hectolitres?

416. Un directeur des ponts-et-chaussées a 58700 toises carrées de pavé à faire en différents endroits; il veut y employer 1300 ouvriers : on demande combien chaque ouvrier aura de mètres carrés de pavé à faire?

417. On a embarqué sur un bâtiment 469 hommes et pour provisions 127 barriques de vin : on demande combien cela fera de litres pour chacun (la barrique étant toujours supposée contenir 240 litres).

418. On suppose qu'ils resteront 64 jours à la mer, et on demande combien ils auront de litres par jour.

419. Si au lieu de 64 jours ils devaient y rester 128 jours, on prie d'évaluer en centilitres la quantité de vin qu'on devra donner à chacun par jour.

420. Un copiste a fait marché pour écrire 9 heures par jour, il a écrit de suite pendant 12 jours faisant 4 pages à l'heure : on demande 1°. combien d'heures il a passé à écrire ; 2°. combien il a écrit de pages ; 3°. quel a été son salaire, s'il était convenu de 0,40 c. par page.

421. Un cheval fait dans une année 3285 lieues de 2280 toises : on demande combien il a dû faire de kilomètres par jour, supposant qu'il ait marché également chaque jour.

422. Un marteau de forge frappe 27 coups par minute : on demande combien il doit en frapper par jour de 24 heures.

423. En supposant qu'un arbre ait 3928 feuilles, combien y aurait-il de feuilles dans un champ entouré de 79 pieds d'arbres semblables ?

424. On a embarqué sur un bâtiment 327 hommes, et pour leurs provisions 78153 biscuits : on demande combien cela donnera de biscuits pour chacun.

425. En supposant qu'ils demeurent en mer 120 jours ou 4 mois, combien chaque homme aurait-il de biscuits par jour ?

426. Un chef d'atelier a 5 ouvriers ; le premier lui rapporte un bénéfice de 0,75 c. par jour ; le deuxième, 1 fr. 27 c. ; le troisième, 1 fr 47 c. ; le quatrième, 1 fr. 85 c. ; le cinquième, 2 fr. 09 c. : on demande combien il aura gagné au bout de 3 semaines.

427. Un bâtiment est allé à la pêche de la morue ; il y avait 27 hommes occupés à la pêche : en supposant que chacun prît 13 morues par heure, on demande combien ils en auront pris en 3 semaines, en pêchant 8 heures par jour.

428. 100 volumes ont coûté à un homme 75 fr. ; en les revendant il a gagné 25 fr. : on demande 1°. combien avait coûté chaque volume ; 2°. combien il les a revendus chacun.

429. Un voyageur prit en partant une somme de 7525 fr. ; sa dépense de chaque jour était de 25 fr. : combien de jour pourra-t-il être en voyage ?

430. Si au lieu de dépenser 25 fr. par jour, il dépensait 25 fr. 25 c., combien de jours pourrait-il voyager?

431. Un homme mange 15 onces de pain par jour : combien aura-t-il mangé de décagrammes au bout de 3 semaines?

432. Une pièce de bois a 9 mèt. 47 de long et 0 mèt. 32 c. de large, sur 0 m. 27 c. d'épaisseur : combien contient-elle de mètres cubes?

433. Un homme a récolté 365 décalitres de froment; il a dix enfants, et veut leur partager ce grain pour vivre pendant l'année : on prie d'évaluer à un centième près la quantité de grain qu'aura chacun?

434. Convertissez 67 boisseaux en litres.

435. Quelle est la valeur en ares de 118 perches carrées de Paris?

436. On suppose qu'il y a 1800 lieues de 2850 toises, de Nantes à l'île de la Martinique, un bâtiment s'y est rendu en 30 jours : combien a-t-il dû faire de kilomètres par jour?

437. S'il n'avait pu faire que 45 lieues par jour, combien aurait-il mis de jours?

438. Combien 4 arpents $^3/_4$ des eaux et forêts font-ils d'hectares?

439. Un lambris en plein a 2 toises de haut. sur 3 toises de long. : combien contient-il de mètres carrés?

440. Un homme laisse en mourant une somme de 49118 fr. 75 c. qu'il veut partager ainsi entre 3 personnes; il donne à la 1re la moitié de la somme entière; à la 2e, la moitié de ce qu'il restera, et il veut que le reste soit ensuite partagé en six parts; la 3e personne en aura une part, et les 5 autres parts seront données à 5 familles indigentes : quelle sera la part de chacune?

441. Un homme a acheté 60 barriques de vin, pour la somme de 4637 fr. 59 c. : on demande combien coûte chaque barrique.

442. Combien ce marchand devra-t-il vendre le litre pour n'y pas perdre?

443. Évaluez en mètres cubes, 4 toises 4 pieds 6 pouces 2 lignes cubes.

444. On a acheté 125 kilog. de riz pour 78 fr. 75 c. : on demande à combien revient l'hectogr.

445. Douze négociants se sont réunis pour acheter 37629 livres de sucre ; il leur revient à 0,54 c. la livre : on demande combien chacun devra donner pour payer cette somme.

446. Un cheval de poste a fait dans une année 3283 lieues de 2000 toises : on demande combien il a dû faire de kilomètres ?

447. Combien coûteront 7 livres 3 onces 4 gros 2 grains d'or à 2 fr. le gramme ?

448. On a acheté chez un épicier un sac de café, pesant 127 livres, pour une somme de 154 fr. 80 c. : on demande combien on l'a payé le kilogr.

449. Un fermier a fait dans 3 mois 397 livres de beurre ; il veut le vendre 1 fr. 50 c. le kilogr. : combien vendra-t-il les 397 livres ?

450. Mais s'il les vendait 300 fr. 91 c. : combien les aurait-il vendu le kilogr. ?

451. 23 setiers de froment (douze boisseaux dans le setier) ont coûté 936 fr. : combien coûtera un décalitre du même ?

452. 38 soldats sont envoyés dans une place de guerre, on leur donne en partant 12850 fr. : on demande quelle sera la part de chacun.

453. S'ils devaient y demeurer 9 mois, combien auraient-ils à dépenser par jour ?

454. Mais ils sont obligés d'y demeurer un an, combien auront-ils par jour ?

455. On demande combien 34560 minutes font de jours.

456. On a acheté 8 aunes de drap pour 745 fr. : à combien revient le mètre ?

457. On a acheté dans une raffinerie 171130 kilogr. de betteraves, pour la somme 855 fr. 65 c. : on demande à combien revient l'hectogramme.

458. Un bœuf gras a été acheté 398 fr. 61 c., on trouve qu'il pèse 927 livres : combien le boucher devra-t-il vendre le kilogramme ?

459. S'il voulait gagner 50 fr., combien faudrait-il qu'il le vendît ?

460. Combien 8 toises 4 pieds 9 pouces font-ils de mètres?

461. Combien valent en mètres 23 aunes?

462. On a acheté du fil dans un marché, à raison de 1 fr. 27 c. la livre, et l'on a payé 575 fr. 31 c. : combien doit-il y avoir de kilogrammes de fil?

463. Combien 17 lieues (lieues de 2000 toises) et 549 toises font-elles de kilomètres?

464. On a acheté 25 livres de pruneaux, pour la somme de 5 fr. 75 c., et il faut 25 pruneaux pour faire une livre : on demande à combien revient chaque pruneau.

465. Combien 10 aunes valent-elles de mètres?

466. Un boucher a acheté un veau 18 fr.; ce veau pèse 45 livres; il veut gagner 5 fr. : combien faudra-t-il qu'il vende le kilogramme?

467. Combien 22 mètres, 35 de drap, valent-ils d'aunes?

468. Combien aura-t-on de mètres de drap pour 1561 fr. 98 c. à 14 fr. l'aune?

469. 1078621 pierres de même dimension ont été employées pour la construction d'un mur dont le cube est 9944 mèt. 885620 centimètres cubes : quel est le volume de chaque pierre?

470. Combien 50 livres 1 marc 8 onces 4 gros 28 grains valent-ils de kilogrammes?

471. Combien pèsera en livres, marcs et gros, une caisse de savon pesant 93 kilogr.?

472. Combien valent en francs, décimes, centimes, 385 livres tournois?

473. Combien valent en francs, 54 livres 12 sous 10 deniers?

474. Evaluer à un centième près le quotient de 40 par 0,09.

475. Evaluer à un millième près le quotient de 9,07 par 3.

476. Combien d'hectolitres 1°. dans 15 mètres cubes, 2°. dans 38 mèt. cub. 125?

477. Combien de décalitres dans 25 mètres cubes, et combien de litres 1°. dans 14 mètres cubes, 2°. dans 20715 décimètres cubes?

478. Quel est le poids 1°. de 127 pièces de 20 fr.; 2°. de 147 pièces de 40 fr.?

479. Un ouvrier fournit 1 mèt. de calicot en 7 heures de travail : combien en fait-il à l'heure, supposant le travail égal pour chaque heure ?

480. Un sac renferme 15 pièces de 5 fr., 18 pièces de 2 fr., 27 pièces de 1 fr. : quel est son poids ?

481. 78 hectares de terre ont coûté 45750 fr. : à combien revient l'are ?

482. Combien faut-il de pièces de 5 fr. pour peser un myriagramme, 1 kilogramme, 1 hectogramme et 1 décagramme ?

483. Un marchand de bois a acheté pour 240 fr., 7 pieds d'arbres qui lui ont fourni 49 stères de bois : on demande à combien lui revient le demi-décastère.

484. Combien y a-t-il d'argent pur dans 118 pièces de 5 fr., 76 pièces de 2 fr., et 14 pièces d'un $\frac{1}{2}$ fr. ?

485. Un homme a fait creuser 3 réservoirs qui ont les dimensions suivantes : le 1er a 50 mètres 5 de longueur sur 27 mètres de largeur et 8 mèt. de profondeur ; le 2e, 68 mèt. de longueur sur 32 mèt. de largeur et 8 mèt. 5 de profondeur ; le 3e, 47 mèt. 25 de longueur sur 23 mèt. de largeur et 7 m. 9 de profondeur : on prie d'évaluer en mètres cubes et en litres, la capacité totale de ces trois réservoirs.

486. Combien y a-t-il de cuivre dans 137 pièces de 5 fr., 40 pièces de 2 fr., 6 pièces de 1 fr., 742 pièces de $\frac{1}{4}$ de franc.

486 *bis*. Combien y a-t-il de décimètres cubes dans 1 stère ?

487 Sachant qu'un litre est 1 décimètre cube, on demande combien il y a de litres dans 1 mètre cube, combien de décalitres, d'hectolitres, de kilolitres ?

488. Combien une mesure de 126 décimètres cubes et 400 centimètres cubes contient-elle de litres et de centilitres ?

489. A 2 fr. le mètre de mousseline : combien le décamètre, l'hectomètre, le kilomètre, le décimètre ?

490. A 0,01 c. le millimètre : combien le décimèt., le décamèt., l'hectomètre, le myriamètre ?

491. A 4,15 le myriamètre : combien l'hectomètre, le décamètre, le mètre ?

492. A 0,09 le centimètre carré : combien le décimètre carré, le mètre carré?

493. Un menuisier reçoit 198 fr. 40, pour un plancher contenant 64 mètres carrés : à combien le décimètre carré, le mètre carré?

494. A 1 fr. 95 c. le décistère de bois : combien le stère, le décastère?

495. A 4 fr. 09 le kilogramme : combien l'hectogr., le décagr., le gramme?

496. A 6000 fr. le mètre cube : combien le décimètre cube, le centimètre cube?

497. A 14 fr. le décagr. : combien le kilogramme, le myriagramme?

498. A 0,28 centimes le litre de vin : combien le décalitre, l'hectolitre, le kilolitre?

499. On a eu 17 mèt. pour 66 fr. : combien a-t-on reçu pour 1 fr., pour 1 décime?

500. A 60 fr. l'hectolitre de vin de Champagne : combien le décalitre, le litre, le décilitre, le centilitre?

501. A 0,45 c. le litre de vinaigre : combien 22 centilitres?

502. A 78 fr. le mètre carré : combien 4 ares, 7 hectares, 8 centiares?

503. Un homme veut vendre 13 hectares de terre à 2000 fr. l'hectare : à combien reviendra l'are et le centiare?

504. Un maçon fait payer 2 fr. le mèt. cub. de maçonnerie, quel est le prix du décimètre cube, du centimèt. cube, du millimètre cube?

505. Une dépensière achette un morceau de beurre qu'on lui dit peser 6 kilogr., n'ayant pas de poids pour vérifier la pesée, elle emploie des pièces de 5 fr. : on demande combien il en faut pour faire équilibre avec 6 kilogrammes.

506. Sur un gramme d'argent monnayé, il y a 90 centigrammes d'argent pur : quel est le poids de l'argent pur contenu dans une somme de 62215 fr.?

507. Quel est le poids de 451 décimètres cubes d'eau distillée?

508. A 0 fr. 05 l'hectogr. de sel : combien recevra-t-on de kilogr. pour 290 fr.?

509. 72 centimètres de velour ont coûté 9 fr. : quel est le prix d'un mètre ?

510. Combien valent en mètres cubes 27 toises cubes ?

511. Combien y a-t-il d'ares 1°. dans 200 mèt. car. ; 2°. dans 100 mèt. car.; 3°. dans 45 mèt. car.; 4°. dans 10000 mèt. car. ?

512. Combien y a-t-il de kilolitres 1°. dans 10 mèt. cubes ; 2°. dans 35 mèt. cub. ?

513. Une ouvrière sait que pour faire 3 robes, il faut 21 aunes d'une certaine étoffe; avant d'en faire l'achat, elle désire savoir combien cela fait de mètres?

514. La pinte de Paris était de 47 pouces cubes : on demande quelle est sa valeur en litres et quelle serait en grammes le poids de l'eau pure contenue dans une pinte.

515. Le setier de Paris vaut 12 boisseaux : combien vaut-il d'hectolitres et de litres?

516. Quelqu'un demande combien il y a de grammes dans 3 onces 4 gros ?

517. Une jeune personne porte à la caisse d'épargne une somme de 2500 fr., qu'elle y place à 5 fr. pour 100 d'intérêt par an : quelle rente retirera-t-elle chaque année de la somme totale ?

518. Un particulier reçoit 3 charretées de bûches : la 1re contient 5 stères ; la 2e 6 stères 5 décistères; la 3e 70 décistères : combien aura-t-il à débourser si le prix du décistère est de 45 centimes ?

519. Un de mes voisins me prie de lui céder une certaine quantité de cannelle. A défaut de poids, j'établis l'équilibre avec une pièce de 5 fr., 2 pièces de 2 francs et une pièce d'un demi-franc : combien cela fait-il de décagr., et que devrai-je recevoir si je vends 0,06 c. le décagramme de cannelle?

520. Un sac de café fait équilibre avec une somme de 1550 fr.; quel est son poids ?

521. Sachant que dans une pièce de 1 fr., il entre 4 gr. 50 d'argent pur, on prie de dire quel est le poids de l'argent pur contenu dans 124012 fr.

522. Une dame dépense chaque jour 10 fr. 20 c. pour son entretien; donne chaque semaine 30 fr. aux pauvres, et met de côté 300 fr. par an : quel est son revenu annuel?

523. Si une ouvrière dépensait 75 fr. par mois, elle s'endetterait de 25 fr. par an : combien gagne-t-elle par jour ?

524. On a dépensé 56 fr. 20 pour vitrer une maison, chaque croisée a 6 carreaux et chaque carreau coûte 1 fr. 15 : combien y a-t-il de croisées ?

525. Pour faire 95 m. 70 de dentelle, on emploie 4 ouvrières : la 1re en fait 2 mètres par jour ; la 2e, 1 m. 75 ; la 3e, 1 mètre 95 ; la 4e, 3 mètres : combien mettront-elles de jours à faire cet ouvrage ?

526. Quelle est la valeur en litres de 162 boisseaux de froment ?

527. Un marchand a 126 pintes d'un certain liquide : combien cela fait-il de litres ?

528. Combien coûteront 78 cordes (eaux et forêts) de bois à 12 fr. le stère ?

529. On a fait placer des tuyaux de plomb pesant 9567 livres à raison de 0,54 c. le kilogr. : à combien s'élève la dépense ?

530. Combien y a-t-il de grammes dans 2 onces 7 gros 18 grains ?

531. On prie de transformer en mètres cubes et parties décimales, une solidité exprimée par 331 toises cubes 4 pieds cubes.

532. Un sac contient 218 livres : quel en est le contenu en francs ?

533. Que valent 16 sous 8 deniers, en parties décimales du franc ?

534. Quelle est la valeur en aunes de 457 m. 18 c. ?

535. Que font en livres 48 kilogr. 71 ?

536. Le prix d'une aune de mousseline est 3 fr. 25 c. : quel est le prix du mètre ?

537. Une planche a 18 pieds 3 pouces de long sur 14 pouces de large ; un autre a 15 pieds de long sur 13 pouces 6 lignes de large : quelle est la différence de superficie de ces deux planches ?

538. La perche de Paris était longue de 18 pieds, la perche commune de 20 pieds, celle des eaux et forêts de 22 pieds, et l'arpent était une surface de 100 perches carrées : on demande la valeur de l'arpent de Paris, de l'ar-

pent commun et de l'arpent des eaux et forêts en hectares et centiares ?

539. Combien 10 cordes carrées de 24 pieds de longueur sur 5 pieds de hauteur contiennent-elles de mètres carrés ?

540. Un propriétaire vend un champ qui contient 7 arpents 8 perches carrées de Paris, à raison de 700 fr. l'hectare : combien doit-il recevoir ?

541. Si la surface de ce champ eût contenu 7 arpents et 8 perches carrées (arpents communs) : combien aurait-il dû recevoir ?

542. Un autre propriétaire vend un champ qui a en superficie 18 arpents 15 perches carrées (arpents des eaux et forêts) à raison 810 fr. l'hectare : combien recevra-t-il ?

543. Si un grain de froment semé donne 6 épis; et chaque épis 40 grains, quelle quantité de grains faudrait-il semer pour recueillir 5760000 grains de froment ?

544. J'ai donné à ma blanchisseuse 6 fr. pour 4 douzaines de chemises ; 1 fr. 80 pour 3 douzaines de napperons ; 4 fr. 80 c. pour 2 douzaines de draps ; 8 fr. 40 c. pour 7 douzaines de serviettes, et 1 fr. 40 c. pour 7 nappes : combien lui ai-je donné en tout, et à quel prix me revient le blanchissage de chaque objet ?

545. Combien aurai-je de noix pour 0 fr. 25 c., si l'on en donne 2 pour 1 centime ?

546. Lorsque pour 2 fr. on a 6 hectogr. 8 décagr. de café, combien aurait-on de kilog. pour 200 fr. ?

547. Quel est le poids de 160 décimètres cubes d'eau distillée ?

548. Si un mètre de ruban coûte 2 fr. 15, combien coûteront 1°. 4 décimèt., 2°. 15 centimètres de ce même ruban ?

549. Combien de fois 20 carreaux de 4 décimèt. car. sont-ils contenus dans une étendue d'un mètre carré ?

550. Qu'est-ce que 50 centimètres par rapport au mètre ?

551. Combien de fois 10 litres sont-ils contenus dans une capacité d'un mètre cube ?

552. Lorsque pour 0,50 c. on fait faire 10 décimètres carrés de parquet, à combien revient le mètre ?

553. Un champ contenant 450 ares 6 centiares, a été vendu à raison de 1650 fr. l'hectare : combien le vendeur a-t-il dû recevoir ?

554. Combien de fois 10 décimètres carrés de parquet sont-ils contenus dans un mètre carré ?

555. Une prairie contenant 12 hectares a été vendue à raison de 17 fr. l'are : dites le prix de cette prairie.

556. J'ai acheté 70 demi-décastères de bois pour la somme de 3937 fr. 50 c. : à combien me revient le stère ?

557. Un épicier a acheté pour la somme de 426 fr. 25 c., un baril d'huile qui en contient 15 décal. 5 : il voudrait savoir combien il devra vendre le décilitre de cette huile pour gagner 1 centime par décilitre.

558. J'ai acheté 9 litres de vin pour la somme de 5 fr. 60 c. ; je voudrais savoir combien il me faudrait débourser pour avoir un hectolitre de ce même vin.

559. Combien de fois 25 décimètres cubes de pierres sont-ils contenus dans un mètre cube ?

560. On a acheté 40 kilogr. 25 de sucre pour la somme de 35 fr. : à combien revient l'hectogramme ?

561. Calculez le prix de 4 mètres d'une toile dont un décimètre est estimé 40 cent.

562. On a donné 659 décalitres de froment pour payer 1218 décalitres de blé noir : à combien revient le décalitre de blé noir, si celui de froment vaut 3 fr. 50 c. ?

563. On donne une somme d'argent pesant 150 kilogr., pour payer 2 pièces de drap de même qualité dont l'une en contient 45 mèt. et l'autre 67 : à combien revient un mètre de ce drap ?

264. Les deux tiers d'une récolte de froment sont de 56790 décalitres : quelle est-elle ?

565. J'ai acheté dans une fabrique une pièce de calicot de 36 mètres à 0 fr. 80 c. le mètre ; une pièce de toile de 50 mètres à 3 fr. 15 le mètre ; 15 mètres de coutil à 2 fr. 50 c. le mètre. Je revends le mètre de calicot 0 fr. 95 ; le mètre de coutil 2 fr. 75 c. ; le mètre de toile 4 fr. 10 : quel bénéfice fais-je sur ces marchandises ?

566. Lorsque le kilogr. d'amandes se vend 1 fr. 75 c. ; le kilogr. de prunes 1 fr. 10 ; le kilogr. de figues 1 fr. 50 ; combien aura-t-on de kilogr. de ces marchandises pour 17 fr. 40 c., si on veut en avoir autant de l'une que de l'autre ?

567. La pesanteur d'un litre de vin de Bordeaux étant

de 0 kil. 9939, on demande combien il y a de litres de ce vin dans une pièce qui pèse brut 288 kilogr. 536, sachant que le fût pèse 50 kilogr.

568. Pour remplir un bassin, on lâche 2 robinets qui coulent ensemble 3 heures : le 1er donne 6 litres à la minute ; le second, 9 litres : on demande 1°. quel est en hectol. la capacité de ce bassin ; 2°. en combien de temps il serait rempli par chacun des deux robinets.

569. En revendant ma maison, j'aurais gagné 900 fr. si elle ne m'eût coûté que 12000 fr. ; mais je n'ai eu que 400 fr. de bénéfice : combien l'ai-je vendue ?

570. Pour paver une route l'espace de 17500 mèt. sur 4 mèt. de largeur, le gouvernement a payé aux entrepreneurs 510304 fr. 40 c. : on demande à combien revient chaque pavé s'il forme un carré de 16 centimètres de côté.

571. Un boucher a donné 49 kilogr. de viande à son boulanger, à 80 centimes le kilogr., pour acquitter son mémoire de pain : combien le boulanger lui avait-il fourni de kilogrammes de pain, sachant qu'un kilogr. de viande vaut 2 kilogr. 5 hectogr. de pain ?

572. Lorsque pour 80 fr. 20 j'ai 20 mèt. de flanelle, combien dois-je vendre 115 mèt. de la même flanelle pour gagner sur cette quantité le prix d'achat de 8 mètres ?

573. Le quotient d'une division est 0,006, le diviseur 56, et le reste 14 milli : quel est le dividende ?

574. Six hommes étant à l'auberge, paient chacun 77 fr. 38 par mois : à combien se montera la dépense en deux ans ?

575. Quelle est la longueur d'un terrain dont la superficie est 5381 mèt. car. 3785, et la largeur 250 mèt. 3 ?

576. Un charpentier doit faire un plancher de 8 mèt. 25 de longueur sur 7 mèt. 50 c. de largeur ; il veut y employer des planches de 3 mèt. de longueur et de 25 centimèt. de largeur : combien lui en faudra-t-il ?

577. Un fabricant a fait 124 mèt. d'étoffe à raison de 0 fr. 01 c. le millimèt. : combien a-t-il reçu ?

578. On a fait faire 56 mèt. de carrelage à raison de 0 fr. 02 c. le centimèt. : combien a-t-on payé ?

579. On a fait 125 mèt. car. d'ouvrage moyennant la somme de 250 fr. 80 c. : on veut savoir combien coûte le décimètre carré.

580. Deux personnes partent en même temps, l'une d
Grenoble pour Paris, l'autre de Paris pour Grenoble; si
l'une fait par jour 58 hectomèt., et l'autre 48, elles se
rencontreront au bout de 7 jours et 1 dixième de jour :
quelle est donc la distance de Grenoble à Paris, 1°. en
kilomèt., 2°. en myriamètres ?

581. 15 pièces de toile contenant chacune 25 mouchoirs
ont coûté 806 fr. 25 c., de plus on a payé pour transport,
emballage, etc., 24 fr. 80 : quel sera le bénéfice si l'on
revend ces mouchoirs à raison de 2 fr. 75 la pièce ?

582. Je dois 16848 fr. payables comme il suit : la moitié
comptant, le quart du reste dans 6 mois, les deux tiers du
second reste dans 8 mois, et le reste de la dette au bout d'un
an : de combien sera chaque paiement ?

583. Combien de litres 1°. dans 14 mètres cubes, 2°. dans
20715 décimètres cubes ?

584. Combien y a-t-il de décimètres cubes dans 1 stère ?

PROBLÈMES DIVERS.

585. La somme de 2 nombres est 3557,75 ; leur différence est 1361,15 : quels sont ces deux nombres ?

586. Avec 25 mètres 375 de fil de fer on a fait 60 douzaines de pointes, plus 5 pointes : on prie de dire quelle est
la longueur de chaque pointe, et quelle somme on fera en
vendant 0,05 c. le paquet de 25 pointes.

587. Une personne qui a 2500 fr. de rentes voudrait savoir combien elle a à dépenser par jour, après avoir pré-
levé 5 fr. 50 c. sur 100 fr. pour payer ses contributions et
remplir un certain engagement qu'elle a contracté ?

588. J'ai échangé 14 mètres de drap pour 70 décalitres
de blé : combien aurais-je eu de mètres du même drap si
je n'avais donné que 50 décalit. ?

589. 34 fr. 80 sont le prix de deux toises cubes 2 pieds
cubes 30 pouces cubes d'un certain ouvrage : à combien revient le mètre cube ?

590. Quel est le nombre qui étant augmenté de 180 et
divisé par 25 donne 220 au quotient ?

591. Un champ de 2500 perches carrées (de 22 pieds de

longueur) a été vendu à raison de 2 fr. 25 c. la perche carrée : à combien revient l'hectare ?

592. Un entrepreneur a acheté 500 pieds cubes de pierre pour 650 fr. : combien doit-il vendre le décimètre cube pour gagner 100 fr. sur la totalité ?

593. Un marchand vend 12 kilogr. de figues avariées, à raison de 0,90 c. le kilogr., et il perd 5 fr. 50 sur le total : à combien lui revenait le kilogr. de ces figues ?

594. Un mur a 30 mètres de long, 2 m. 50 de haut, et 90 centimèt. d'épaisseur ; un autre a 20 m. de long, 3 m. de haut, et 65 centimèt. d'épaisseur. Les deux ensemble ont coûté 2000 fr. : trouver le prix de chacun ?

595. Une revendeuse achette des pêches à raison de 1 fr. 80 c. la douzaine, et en a 8 pour rien, le nombre total des pêches est 104 : on demande combien cette marchande aura gagné en tout si elle revend chaque pêche 0 fr. 20 c. ?

596. Un instituteur de campagne se rend à la ville pour y faire provision de livres ; il en achette 32 douzaines ; le libraire le gratifie du treizième (il lui en donne 13 pour 12) et lui vend les autres à raison de 0,45 c. la pièce ; les frais d'emballage et de transport se montent à 5 fr. : on demande combien l'instituteur devra revendre chaque livre, s'il veut gagner en tout 71 fr. 80 c. ?

597. J'ai acheté 0 kilogr. 15 de sucre à 0 fr. 90 le kilogr. : combien ai-je dû payer ?

598. Une personne a 3240 fr. de revenu. Elle passe 6 mois à Paris pendant lesquels elle dépense le tiers de cette somme ; le reste de l'année qu'elle passe à la campagne elle dépense pour son usage particulier le tiers de ce qui lui reste ; pendant ce même temps, elle donne chaque jour 3 fr. aux pauvres ; à la fin de l'année, elle fait à une parente un cadeau du prix de 300 fr. ; de plus elle donne 200 fr. à un hôpital. On demande 1°. ce qu'elle dépensait chaque jour pendant sa résidence tant à Paris qu'à la campagne ; 2°. ce qui lui reste à la fin de l'année ; 3°. dans combien d'années elle aura fait un fonds de 3200 fr., en supposant que sa dépense soit la même pour chaque année.

599. Un sac de pièces de 5 fr. fait équilibre avec 2 kilogr. 5 décagr. et 25 gr. : combien contient-il de pièces ?

600. La somme de 2 nombres est 135 ; si l'on multiplie

le plus petit par 2, il devient semblable au plus grand :
quels sont ces deux nombres?

601. Pour le blanchissage de 250 draps, une maîtresse
de pensionnat emploie 6 journalières pendant 5 jours ; le
prix de la journée pour chaque femme est de 60 centimes ;
de plus, chacune reçoit par jour 5 hectogr. de pain de 30
centimes le kilogr. ; 5 décilitres de vin de 0,35 c. le litre ;
les autres dépenses pour bois, savon, cendre, etc., se
montent à 15 fr. : à combien revient le blanchissage d'un
seul drap?

602. L'économe d'une maison religieuse a acheté 4 pièces
de drap pour 1080 fr., à raison de 12 fr. le mètre : la première contient 26 mètres ; la seconde 19 m. ; la 3ᵉ 15 :
combien en contient la quatrième?

603. Un propriétaire a fait faucher une prairie qui a produit par hectare 130 bottes de foin de 30 hectogr. ; il s'en
réserve 355 kilogr. pour sa provision ; en vend 9144 hectogr.
d'une part et 400 kilogr. d'autre part : on demande combien
cette prairie contient d'hectares et d'ares.

604. J'ai acheté 500 fr. une cargaison d'avoine contenant
80 hectolitres ; j'en ai vendu 20 hectolitres pour 150 fr. :
combien dois-je vendre l'hectolitre de ce qui me reste pour
gagner 190 fr. sur les 80 hectolitres?

605. Deux pièces de drap ont l'une 50 mètres, l'autre
45 ; la première coûte 53 fr. de plus que la seconde : quel
est le prix de chacune?

606. Un père de famille a dépensé dans une année
64250 fr. pour l'entretien de sa maison : on demande quel
est le chiffre de sa dépense particulière, sachant qu'elle
s'élève à 0,50 pour deux francs de la dépense totale?

607. Un négociant a acheté 340 sacs de café dont le poids
brut est 13200 kilogr. : on demande 1°. quel est le poids net
après avoir rabattu la tare, à raison de 15 kilogr. par 100 ;
2°. combien ce négociant a dû débourser pour cet achat,
le prix du kilogr. (poids net) étant de 3 francs. (1)

608. J'ai mis au roulage 3 caisses pesant ensemble 1200

---

(1) Le poids d'un sac de café avec emballage, est le poids
brut ; le poids du café sans emballage est le poids *net*, et le
poids des emballages est la *tare*.

kilogr.; on me demande 15 fr. par 100 kilogr. pour les transporter l'espace de 30 lieues : à combien s'élèveront les frais de transport pour les 1200 kilogr.?

609. Je dois 26 fr.; je veux m'acquitter en donnant 10 pièces les unes de 5 fr., les autres de 2 fr. : combien dois-je donner de pièces de chaque valeur?

610. Une bonne dame a acheté 357 kilogr. de beurre à 1 fr. 55 c. le kilogr.; elle en a donné le $\frac{1}{3}$ à 25 pauvres, et veut que le reste suffise pour sa consommation durant toute l'année : on demande 1°. combien elle a dépensé pour cet achat; 2°. ce que chaque pauvre aura ; 3°. combien sa cuisinière aura de beurre à dépenser par jour.

611. Un homme conduit au marché une voiture chargée de 1920 pommes qui lui ont coûté 0,75 c. le 100. Dans le voyage il en donne 87 aux pauvres, 125 à un de ses amis. Rendu au marché, il en trouve 100 d'avariées. Il veut savoir combien il lui reste de pommes et combien il les doit vendre la douzaine pour gagner sur le nombre qu'il avait en partant de chez lui 0,15 centimes par douzaine ?

612. Un pâtissier veut faire une fournée de bonbons ; pour cela il emploie deux kilogr. de farine à 0,90 c. le kilogr.; 40 hectogrammes de sucre à 1,50 c. le kilogr.; 11 douzaines d'œufs pour la somme de 5 fr. 50 c.; il dépense de plus pour frais de cuisson, etc., 1 fr. 60 c.; il fait 564 gâteaux : combien devra-t-il les vendre la pièce pour faire un bénéfice de 13 fr. 30 c.?

613. Combien ce marchand devrait-il recevoir si le tiers avait été brûlé?

614. Une personne a acheté deux ballots de laine : le 1er pèse 28 kilogr., et coûte 4 fr. 35 le kilogr.; le 2e pèse 7800 gr., et coûte 3 fr. 54 le kilogr.; elle mélange le tout, en donne le 5e à 12 pauvres; de plus elle leur partage le gain qu'elle fait sur le reste en le revendant à raison de 6 fr. le kilogramme : on demande combien chaque pauvre recevra de laine et d'argent.

615. Un épicier paie 90 fr. un baril de sardines qui en contient 5 milliers plus 808 ; il en vend la moitié à 25 centimes la douzaine ; la moitié de ce qui reste à 0,20 c. et les autres à 0 fr. 025 la pièce : on désire savoir combien cet épicier gagne sur le baril.

616. Deux fermiers s'engagent à faire pacager les moutons de leur maître avec les leurs, à condition qu'ils recueilleront pour leur part la moitié de la laine. A temps opportun, ils font tondre les moutons; le premier recueille 30 kilogr. de laine, le second 47; tous les deux prélèvent leur moitié et remettent le reste à leur maître. Chaque kilogr. de laine est estimé 5 fr. D'après ces données, on prie de trouver combien chaque individu a recueilli de kilogr. de laine pour sa part, et combien le propriétaire des moutons doit vendre le kilogr. de la sienne s'il veut gagner 30 fr. sur la totalité.

617. Lorsque pour 1 fr. 15 on a 0 kilogr. 5 de poivre, combien faudrait-il payer pour 9 kilogr. 50?

618. Une personne veut faire vitrer un appartement composé de 3 chambres : la 1re a 4 croisées, chacune de 6 carreaux qui ont 5 décimètres de long sur 48 centimètres de large; la 2e chambre a 3 croisées, chacune de 8 carreaux qui ont 32 centimètres en longueur et 30 en largeur; la 3e en a 3 de 8 carreaux qui ont 4 décimètres 5 de longueur sur 37 centimètres de largeur : on demande 1°. combien cette personne a fait placer de carreaux; 2°. ce qu'elle devra payer au vitrier s'il est convenu de lui vendre 5 fr. un mètre de verre tout placé.

619. Un propriétaire veut faire entourer de murs un jardin qui a 30 mètres de long et 26 mètres de large; mais avant de faire commencer les travaux, il désire savoir combien il lui en coûtera. Il veut donner 3 mètres de hauteur et 70 centimètres d'épaisseur aux murs. Pour faire tirer la pierre nécessaire, il paie 1 fr. par mètre cube; la carrière est distante de 3 lieues, et on lui demande pour le transport d'un mètre cube l'espace d'une lieue, 5 francs. Il a chez lui le sable et la chaux nécessaires, et compte que ce qu'il y aura à déduire pour l'ouverture d'une porte ira pour frais de menuiserie, etc.; la main-d'œuvre est fixée à raison de 2 fr. par mètre cube. Dites ce qu'il faudra débourser pour cette construction.

620. On veut faire carreler 3 appartements; le 1er a 12 mètres de long et 9 de large; le 2e est un tiers moins spacieux que le premier, et le 3e est moitié moins grand que les deux autres : on demande combien il entrera de carreaux de 15 centimètres de côté dans la superficie de ces trois pièces, et ce qu'on aura à débourser si on paie 21 fr. le millier de carreaux et qu'on donne au maçon 1 f. 15 c. par mètre de carrelage.

621. Un capitaine de vaisseau à la veille de mettre à la voile veut faire confectionner dans le plus bref délai 440 chemises ; il s'adresse à 3 maîtresses lingères : la 1re peut employer à cet ouvrage 6 ouvrières ; la 2e peut y employer 9 ouvrières, et la 3e 7. De quelle manière cet ouvrage devra-t-il être distribué ?

622. Un père calcule que son fils, né le 17 Mai 1837 à 7 heures 56 minutes, a vécu 302430 minutes : combien cet enfant a-t-il de mois, et quelle est l'époque précise où s'est fait ce calcul ?

623. Un propriétaire veut faire entourer un parc de 4 murs qui ont ensemble 170 mèt. de longueur sur 4 mètres 5 de hauteur ; il destine 20180 fr. 4375 pour faire face aux dépenses, et fait marché à raison de 55 fr. 25 par mètre cube : on prie de dire quelle sera l'épaisseur de ces murs.

624. J'ai acheté deux lits garnis pour 900 fr. ; l'un m'a coûté le double de l'autre : quel est le prix de chacun ?

625. Quel est le diviseur lorsque le dividende est 15840 et le quotient 39,6 ?

626. Deux nombres sont tels que le plus petit augmenté de 75 devient égal au plus grand, et que la somme des deux est 310 : quels sont ces deux nombres ?

627. J'ai acquitté une dette en 4 paiements : le premier a été de 1200 fr. ; le second a été triple du premier ; le troisième a été égal à la somme des deux premiers ; le quatrième a été égal à la moitié du premier, plus le tiers du second, plus le quart du troisième : trouver le montant de chaque paiement et celui de la dette.

628. Combien faudrait-il de pierres de 12 décimèt. de long, 6 de large et 7 de haut, pour faire un piédestal dont chaque face formerait un carré de 4 m. 20 de côté ?

629. On demande de trouver deux nombres dont la différence soit 7 et la somme 760.

630. Deux pièces d'étoffe ont ensemble une longueur de 55 mètres ; l'une est plus longue que l'autre de 10 mèt. : quelle est la longueur de chacune ?

631. Une revendeuse a acheté pour la somme de 257 fr. la cueillette d'un verger, s'élevant à 5600 pommes ; 2000 poires, 4248 prunes. Elle revend les pommes 30 fr. le millier ; les poires, 5 fr. le cent ; les prunes, 0,15 c. la douzaine : on prie de dire quel est le bénéfice que cette femme a fait.

632. La somme de deux nombres est 88, le plus grand est le quadruple du plus petit : quels sont ces deux nombres ?

633. Partager 50 en deux parties telles que leur quotient soit 4 : quels sont ces deux parties ?

634. En divisant l'un par l'autre deux nombres dont la somme est 92, on a 8 pour quotient et pour reste 2 : quels sont ces deux nombres ?

635. Deux pièces de toile ont coûté 645 fr. : la 1re a 66 mèt. de long sur 1 mèt. de large ; la 2e a 42 mètres de long sur 15 décimèt. de large : quel est le prix de l'une et de l'autre, sachant d'ailleurs qu'elles sont de même qualité ?

636. Pour un certain ouvrage, j'ai employé 4 ouvrières : la première y a travaillé pendant 7 jours ; la seconde pendant 12 jours ; la troisième pendant 9 jours et la quatrième pendant 6 jours et demi, le travail achevé je les paie toutes les quatre avec la somme de 25 fr. 55 c. : à combien s'élève le prix de la journée pour chacune, et combien chaque ouvrière a-t-elle reçu ?

637. Une marchande a reçu une caisse contenant 40 douzaines d'assiettes qui lui reviennent à 1 fr. 75 la douzaine ; il s'en trouve 38 de brisées. Cependant cette personne voudrait faire un bénéfice de 30 fr. sur le prix d'achat : combien devra-t-elle les vendre la pièce ?

638. Dans 10 jours, 6 ouvrières ont fait 24 robes : combien 9 ouvrières en feraient-elles dans le même temps ?

639. Combien aura-t-on d'hectolitres de vin de 15 fr. l'hectolitre, pour 75 hectolit. de cidre du prix de 11 fr. l'hectolitre ?

640. Combien faudrait-il de planches de 2 mèt. 3 décimèt. de long sur 0 m. 34 de large, pour un plancher rectangulaire de 5 mèt. 19 de long sur 4 m. 286 de large ?

641. Un négociant a payé en pièces de 5 fr. une somme en argent pesant 94640 grammes 75 : on demande combien de pièces il a dû donner ?

642. Un homme a acheté un muid de vin 55 fr. : à combien lui revient le litre, et à quel prix devra-t-il le revendre s'il veut gagner 4 fr. par décalitre ?

643. Un marchand de bœufs en a acheté 24 pour la somme de 12600 fr.; il en a vendu 8 en gagnant 64 fr. par paire; il a nourri les autres pendant huit jours et a dépensé pour leur entretien 68 fr.; pendant ce temps deux ont péri : on désire savoir combien il doit vendre la paire de ceux qui lui restent pour gagner 453 fr. sur le tout.

644. Deux champs sont à vendre; le premier a 75 m. de longueur sur 15 m. 5 de largeur, et on l'offre pour 5400 fr.; le second a 60 mètres de longueur sur 17 m. 25 de largeur et on l'offre pour 5000 fr. : lequel est le moins cher ?

645. Une pièce d'étoffe de 28 m. 6 a coûté 67 fr. 21. On a vendu sans profit une portion de cette pièce contenant 13 m. 25 : combien en reste-t-il à vendre ?

646. Combien perdrait-on sur le reste de la pièce ci-dessus si on le vendait à raison de 1 fr. 90 c. le mètre ?

647. Le diamètre d'une pièce de 5 fr. est de 375 dix-millim.; et la distance du pôle à l'équateur est de 10.000.000 de mètres : on demande combien il faudrait mettre de ces pièces à la file et au contact les unes des autres pour faire le quart du tour de la terre ?

648. Un bateau à vapeur fait 5 lieues par heure (lieues de 2580 toises) : on demande combien il aura fait de myriamètres au bout de 15 jours, en marchant 7 heures par jour.

649. D'après la loi 1 fr. en argent doit peser 5 grammes : on demande alors ce que pèsent

Une pièce de 5 fr.
Une pièce de 2 fr.
Une pièce de 1 fr.
Une pièce de ½ fr.
Une pièce de ¼ de fr.

650. La monnaie d'or ayant une valeur 15 fois et ½ plus grande que celle de la monnaie d'argent à poids égal; on demande ce que pèseront en grammes et fraction décimale jusqu'au quatrième chiffre inclusivement, une pièce de 40 fr. en or, une pièce de 20 fr. en or.

651. Le titre des nouvelles monnaies d'or et d'argent

est de 0,9 , c'est-à-dire , que ces monnaies renferment 9 dixièmes d'or ou d'argent pur et 1 dixième d'alliage, qui est ordinairement en cuivre. Quel est donc 1°. la valeur en pièces de 20 fr. d'un kilogramme d'or monnayé; 2°. la valeur en fr. d'un kilogr. d'argent monnayé?

652. Un particulier voulant porter à la monnaie un lingot d'argent pur du poids d'un kilogramme , demande combien on devra lui donner de pièces de 2 fr. en échange , déduction faite du prix de fabrication qui est fixé à 3 fr. par kilogramme (le prix de l'alliage est compris dans le prix de fabrication).

653. Si au lieu d'argent cet homme avait à porter un kilogr. d'or pur, combien devrait-on lui donner de pièces de 20 fr. (le prix de fabrication pour 1 kilogr. d'or monnayé est 9 fr.) ?

654. Le revenu territorial de tous les départements de la France s'élève à 1588374480 : quelle serait 1°. en myriamètres, 2°. en lieues de 4444 mètres, la hauteur d'une pile de pièces de 5 fr. équivalente à cette somme , sachant qu'une pièce a 2 millimètres et demi d'épaisseur?

655. On prie de dire quelle serait en kilogr. le poids de la somme ci-dessus.

656. Quatre porte-faix se présentent pour transporter aux divers étages d'une maison 12 stères 6 de bois; le 1er en monte le tiers au premier étage ; le 2e , le tiers de ce qui reste au second étage; le 3e , 8 décistères de moins que le second au troisième étage , et le 4e ce qui reste au quatrième étage : quel sera le salaire de chacun d'eux , si on est convenu de leur donner 60 centimes par étage pour le transport d'un stère?

657. Une personne charitable achette une pièce de toile. Elle partage les deux tiers de cette toile entre 5 pauvres ; avec le reste elle fait 4 douzaines de serviettes de 0 m. 75 de long : on demande la part de chaque pauvre exprimée en mèt. , et la longueur de la pièce de toile.

658. Une revendeuse achette 16 fr. un panier d'oranges qui en contient 150 , il lui en est volé 5 ; quinze pourrissent pendant le cours du débit; elle fait néanmoins en les revendant 5 fr. de gain : on prie de dire combien elle a vendu chaque orange.

659. Un propriétaire veut employer 2856 fr. 70 pour faire clorre de murs un jardin ; l'entrepreneur lui demande 5 fr. 30 c. par mèt. carré : on demande 1°. combien on lui fera de mètres carr. ; 2°. quelle sera la longueur du contour des murs, dont la hauteur est 2 mètres 45.

660. Une bonne dame interrogée sur son revenu annuel répondit : les deux tiers de mon revenu contiennent autant de pièces de 5 fr. que je puis soulager de pauvres avec 600 fr. en donnant 15 centimes à chacun.

661. Dans une année, le maire d'une ville a distribué chaque semaine aux pauvres 95 fr. et 260 kilogr. de pain estimé 30 centimes le kilogr. : on demande quel est son revenu annuel si ses aumônes n'en n'étaient que le cinquième.

662. On a acheté dans une fabrique une pièce de toile de 55 mètres pour la somme de 173 fr. 25 c. : on voudrait savoir quelle serait pour le même prix la longueur d'une autre pièce de même largeur qui contiendrait un cinquième de coton, si le coton coûte un quart moins que le fil et que l'un et l'autre à poids égal fournissent une même quantité de tissu.

663. Une ouvrière travaille tous les jours ouvrables de l'année et se repose les Dimanches et les 4 fêtes gardées qui tombent ordinairement sur la semaine ; elle dépense 50 centimes chaque jour pour sa nourriture, et 200 fr. par an pour vêtements, blanchissage, etc. : combien cette ouvrière gagne-t-elle par jour, et quelle sera son épargne au bout de l'année, si sa dépense n'est que les trois quarts de son salaire ?

664. Une personne porte 20 douzaines d'œufs au marché avec commission de les vendre 40 c. la douzaine. Après en avoir vendu 4 douzaines, elle casse 8 œufs : combien doit-elle vendre ceux qui lui restent pour réparer cette perte ?

665. Une bonne femme a filé 46 kilogrammes de filasse qui lui avait coûté 2 fr. 75 le kilogr. ; elle blanchit son fil, et voulant en faire faire de la toile, le porte à un tisserand qui lui prend 60 centimes par mètre ; chaque kilogr. de fil fournit 3 m. 50 de toile : à combien revient à cette bonne femme chaque mètre de toile, et combien devra-t-elle le vendre si elle veut faire un bénéfice de 95 fr. sur le tout, sachant qu'après le blanchissage, le fil ne pèse plus que les trois quarts de la filasse ?

666. Une pièce d'étoffe de 30 mètres a été partagée entre 4 familles indigentes, chaque famille a eu en proportion du nombre de ses membres ; or, la 1re se composait de 3 personnes, la 2e de 4, la 3e de 5 : de combien de mètres d'étoffe se composait chaque part ?

667. Un homme achette des marchandises pour la somme de 600 fr. ; ne pouvant payer sur-le-champ, il demande un délai de 3 mois qu'on lui accorde à condition qu'il paiera les intérêts de cette somme à 5 pour 100 par an ; il revend aussitôt cette marchandise 680 f., en faisant à son tour un crédit de 4 mois à 6 pour 100 par an. On demande quel est le bénéfice de l'entremetteur.

DES CHIFFRES ROMAINS.

Les Romains pour exprimer les nombres se servaient de sept lettres, Savoir : I qui vaut 1, V qui vaut 5, X qui vaut 10, L qui vaut 50, C qui vaut 100, D qui vaut 500, M qui vaut 1000.

I.	1	XXX.	30
II.	2	XXXI.	31
III.	3	XXXIV.	34
IV*.	4	XXXIX.	39
V.	5	XL.	40
VI.	6	XLVII.	47
VII.	7	XLIX.	49
VIII.	8	L,Li.	50,51
IX.	9	LX.	60
X.	10	LXXXI.	81
XI.	11	XC,XCI.	90,91
XII.	12	XCIX.	99
XIII.	13	C,CC.	100,200
XIV.	14	CCCIX.	309
XV.	15	CD ou IVc.	400
XVI.	16	DC.	600
XVII.	17	CM.	900
XVIII.	18	MC.	1100
XIX.	19	MDC.	1600
XX.	20	MM ou IIm.	2000
XXI.	21	MMM ou IIIm.	3000
XXII.	22	DCCCXV.	815
XXIII.	23	$\overline{\text{X}}$** ou X mille	10000
XXIV.	24	$\overline{\text{C}}$ ou C mille	100000
XXV.	25	MMIMIC.	2990
XXVI.	26	MDCCXC.	1790
XXVII.	27	MDCCCXXIX.	1829
XXVIII.	28	MDCCCXL.	1840
XXIX.	29		

* On voit que le principe fondamental de cette numération, est qu'un chiffre placé à la gauche d'un autre plus grand diminue celui-ci de la valeur du premier.

** Un chiffre ayant un trait au-dessus a une valeur mille fois plus forte.

On écrit encore par Iɔ,500; son double 1000, par cIɔ, et son multiple décimal 5000 par Iɔɔ.

Enfin, cIɔ étant renfermé entre deux crochets est censé multiplié par 10; ainsi ccIɔɔ = 10000; s'il est renfermé entre quatre, il est multiplié par 100, ainsi cccIɔɔɔ = 100000, etc.

EXERCICES SUR LA NUMÉRATION DES CHIFFRES ROMAINS.

Exprimer en chiffres romains, d'abord les nombres contenus dans le tableau ci-dessus puis ensuite ceux qui suivent.

N° 668.	N° 669.	N° 670.	N° 671.
32	98	609	1843
35	101	698	1999
39	199	700	2000
42	200	714	2013
54	209	800	2500
59	299	838	2999
67	300	901	3009
69	319	909	3246
71	409	999	10000
74	440	1000	50000
75	450	1147	60000
80	501	1654	100000
89	599		1000000

Exprimer en chiffres arabes, d'abord les nombres contenus dans le tableau, puis ensuite ceux qui suivent.

N° 672.	N° 673.	N° 674.
III	MDCC	MDXIX
LIX	MIX	MDCCCXLI
LXX	MLIX	M.DCCCXXXVII
LXXIX	MLXX	X̄M̄
D	MLXIV	L̄
CM	MDI	Ī
MD	X	C

FORMULES

DE PROMESSES, QUITTANCES, LETTRES ET MÉMOIRES.

Promesse.

Je soussigné N., reconnais devoir et promets payer à monsieur N., dans huit mois, la somme de trois cent vingt-huit francs, et ce pour pareille somme qu'il m'a prêtée dans mon besoin.

Fait à Bordeaux, le 10 juin 1836.

(Signature).

Autre promesse.

Je confesse avoir en mes mains la somme de six cents francs appartenant à madame Jacquinet, qu'elle m'a prié de lui garder, en reconnaissance de quoi, et pour sa sûreté, je lui ai donné la présente : laquelle me rapportant je lui rendrai ladite somme.

Fait à Saint-Germain, le cinquième jour de juin 1836.

Promesse solidaire.

Nous soussignés, promettons payer solidairement à monsieur N., le 19 mai 1836, la somme de six cents francs, qu'il nous a prêtée en nos besoins.

A Ploërmel, le 12 mai 1836.

Promesse où la femme s'engage avec son mari.

Nous soussignés, Jean Foucher et Marie Jumellier, que j'autorise à l'effet des présentes, promettons payer solidairement à monsieur Dupin, le 18 janvier 1836, la somme de trois mille francs, qu'il nous a prêtée en nos besoins.

Fait à Savenay, ce deux janvier 1836.

J. FOUCHER, M. JUMELLIER.

Promesse pour reste de somme due.

Je reconnais devoir à monsieur de Bois-Joli, la somme de quinze cents francs, restante de celle de trois mille francs, qu'il m'avait prêtée en mes besoins : laquelle somme de trois mille francs je promets lui payer dans l'espace de huit mois.

Fait à Vienne, onzième jour de juillet 1836.

Reconnaissance portant promesse de passer contrat d'une somme empruntée.

Je reconnais que monsieur N. m'a présentement prêté la somme de cinq mille francs pour employer à mes affaires ; de laquelle somme de cinq mille francs, je lui promets, passer contrat à sa volonté, et cependant lui en payer l'intérêt dès ce jour.

Fait à Couëron, ce deux septembre 1836.

Quittance d'une somme payée pour grains.

Je confesse avoir reçu de N. la somme de douze cents francs, de laquelle je suis convenu avec lui pour tous les grains, tant blé, froment, qu'orge et avoine, qu'il me doit du reste des années passées jusqu'à ce jour ; au moyen de quoi je quitte ledit N., pour ledit temps.

Fait à Varades, le trois mai 1836.

Quittance d'un ouvrier.

Je soussigné N., reconnais avoir reçu de N. la somme de 28 francs, pour avoir travaillé pendant huit jours chez lui, à raison de trois francs cinquante centimes par jour, de laquelle somme je me tiens content pour mon travail, et en quitte ledit N. jusqu'à ce jour.

Fait à Quimper, le 15 juin 1836.

Autre quittance.

Je soussigné reconnais avoir reçu de monsieur N. la somme de cent francs, à-compte de ce qu'il me doit.

Fait à Vannes, le 8 décembre 1836.

Quittance pour les arrérages d'une rente.

Je soussigné N., reconnais avoir reçu de monsieur N. la somme de trois cent cinquante francs, pour une année d'arrérages de la rente d'un capital de sept mille francs qu'il me doit, échue au quatre du mois d'avril dernier ; de laquelle somme, je quitte ledit N.

Fait au Lion-d'Angers, ce cinq de novembre 1836.

Quittance d'une pension qui se paie à trois mois.

Je reconnais avoir reçu de monsieur Béchus, cent francs pour un trimestre commencé de ce jour, de la pension alimentaire de son fils, dont quittance pour ledit terme.

A Paimbœuf, ce 20 mai 1836.

Quittance pour loyer d'une maison.

Je reconnais avoir reçu de monsieur Baquin la somme de cent francs, pour une année de loyer des chambres qu'il tient de moi, échue au terme de Pâques, de laquelle somme je le quitte.

Fait à Lyon, le huitième jour d'octobre 1836.

Quittance de maçon.

Je soussigné reconnais avoir reçu de monsieur N. la somme de huit cents francs, pour tous les ouvrages de maçonnerie que j'ai faits à sa maison sise à Nort, rue des Moulons, et avoir fourni les matériaux, plâtre et autres choses servant à la maçonnerie, le tout suivant la convention et accord ci-devant transcrits, de laquelle somme je me trouve content, et en tiens quitte mondit sieur.

Fait à Guérande, ce 28 mai 1836.

Accord pour grains dus.

Nous soussignés Paul Guibertin, propriétaire au lieu de la Mignardière, d'une part, et Joseph Guillard, laboureur, demeurant à Ozanne, d'autre part, reconnaissons être convenus entre nous de ce qui suit ; savoir : que moi Joseph Guillard, laboureur, demeure redevable envers ledit sieur Paul Guibertin de la quantité de quatre-vingts décalitres de blé, pour restes des années échues au jour de Saint-Martin dernier, de la ferme des terres que je tiens de lui, sise à la Mignardière, lesquels nous avons appréciés à l'amiable, à la somme de quatre mille francs, que moi Joseph Guillard, promets par cette présente, payer audit sieur Paul Guibertin.

Fait et signé entre nous, à Orléans, ce 9 avril 1838.

Procuration pour donner à ferme.

Je soussigné N., constitue pour mon procureur Auguste Baldurin, auquel par ces présentes je donne pouvoir d'affermer et bailler, à loyer, la maison et les héritages qui m'appartiennent, sis en la paroisse de Genonville, consistant en   et à telle personne, aux prix, charges, clauses et conditions qu'il jugera à propos, d'en passer baux et tous autres actes nécessaires ; recevoir ce qui sera dû par les derniers fermiers, leur en donnant quittances, et au refus du paiement, les poursuivre par les voies de droit, même saisir et arrêter, donner main levée s'il en est besoin, et faire généralement ce qu'il trouvera bon.

Fait à Genonville, ce 19 avril 1836.

Bail d'une maison.

Je soussigné François Guilletreau, reconnais avoir baillé et laissé à titre de loyer et prix d'argent, pour sept années consécutives, à commencer du jour 24 juin 1836, et finir à pareille jour de l'année 1843, et promets pendant ledit temps faire jouir au sieur Antoine Pideau, à ce présent et acceptant, une maison sise à Nantes, rue Neuve, consistant en une chambre au rez-de-chaussée, deux autres au premier et au second étage, cave, grenier et ainsi que ledit Pideau a dit bien savoir, comme l'ayant vu et visité, pour par lui en jouir durant ledit temps, moyennant la somme de deux cents francs, pour le loyer de chacune desdites années, que moi Antoine Pideau promets payer audit sieur Guilletreau, à Nantes, aux termes accoutumés par égale portion, dont le premier écherra au jour du 25 décembre prochain, et ainsi continuer de terme en terme jusqu'à la fin dudit temps, et encore à la charge de garnir ladite maison de meubles à moi appartenant, pour sûreté dudit loyer, l'entretenir pendant ledit temps de toutes menues réparations locatives et nécessaires, et à la fin d'icelui, la rendre en bon état et entièrement conforme à l'état qui en sera fait entre nous ou à la suite du présent ; comme aussi s'il convient, pendant ledit temps, faire quelque grosses réparations, moi, François Guilletreau, consens qu'elles soient faites, sans, pour ce prétendre aucuns dépens, dommages et intérêts, ni diminution dudit loyer, pourvu que lesdites réparations ne durent à faire que deux mois ; et de plus, moi, Pideau, promets ne céder ni transporter mondit bail à qui que ce soit, sans le consentement dudit sieur Guilletreau. Le présent bail ainsi signé et fait double entre nous, à Nantes, le cinquième jour de mai mil huit cent trente-six.

État de lieux.

Entre nous N.., d'une part ;
Et P... d'autre part :
A été fait et dressé l'état suivant des objets contenus dans le local livré par moi dit N... audit P..., par bail passé devant... Notaire, le..., ou par sous seing privé fait entre nous, le...,

Savoir :

Dans la cave, trois pièces de..., de la longueur de..., pour servir de chantiers. Un caveau ayant porte garnie de gonds, peintures et serrures avec clé en bon état, etc.

Dans la cuisine au rez-de-chaussée, à la cheminée une plaque en fonte en bon état, ou cassée, ou écornée ; un fourneau potager garni de.... réchaux en fonte avec leurs grilles en bon état, etc.

Dans l'appartement au premier, sur la cheminée une glace d'une seule pièce, de... pouces de haut sur... pouces de large, en bon état, un chambranle en marbre de couleur... avec sa tablette, etc.

Lequel état nous avons fait et signé double entre nous, à Paris, ce...

F. GUILLETREAU. A. PIDEAU.

Brevet d'apprentissage.

Le soussigné Louis Badon, demeurant au Leroux, reconnaît et confesse, pour le profit de l'avancement de N., son fils, âgé de dix-huit ans, l'avoir mis en apprentissage pour deux années consécutives, chez le sieur N., sculpteur, bourgeois de Rennes, y demeurant, à ce présent et acceptant, qui l'a pris et retenu pour son apprenti pendant ledit temps, à ce que durant icelui il a promis et promets montrer et enseigner sondit art de sculpteur autant qu'il lui sera possible, et en outre le nourrir à sa table, lui fournir feu, lit, gîte et lumière, le traiter doucement et humainement, comme il appartient, pendant ledit temps, à charge par son père de l'entretenir d'habits, linge et chaussure, aussi pendant ledit temps; en faveur et considération duquel apprentissage les parties sont convenues et accordées ensemble à la somme de cinq cents francs, sur laquelle ledit preneur a confessé avoir reçu celle de cent francs comptant, dont quittance, et le surplus montant à quatre cents francs, ledit bailleur a promis et s'oblige de donner et payer audit preneur en deux paiemens, le premier de la somme de 200 francs en un an, et l'autre pareille restant à payer de ladite somme de deux cents francs dans l'année suivante, le premier jour du mois de mai. A ce faire, étant présent ledit N., apprenti, qui a promis servir ledit sieur sculpteur, et faire toutes choses licites et honnêtes qu'il lui commandera, lui obéir fidèlement, faire son profit, éviter son dommage, l'en avertir s'il vient à sa connaissance, sans s'absenter ni aller ailleurs servir pendant ledit temps; et en cas de fuite ou absence, ledit bailleur son père promet le chercher, faire chercher et le ramener s'il le peut trouver, pour parachever le temps qui pourra rester de sondit apprentissage; et de plus son père l'a certifié de toute loyauté et fidélité, car ainsi a été accordé et convenu entre les parties, en présence de   obligent, etc.

Fait à Rennes, le 28 mai 1836.

BADON, N.

LETTRE DE VOITURE.

A Alençon, ce 17 janvier 1836.

Monsieur,

A la garde de Dieu et conduite de LANEAU, voiturier demeurant à Dinan, je vous envoie un ballot contenant six pièces de toile, quatre pièces de siamoise et 100 kilogrammes de laine, marqué : P. F., le tout pesant 128 kilogrammes ; lequel ayant reçu bien conditionné, vous lui paierez pour sa voiture à raison de cinq francs du quintal pesant, et suis,

Monsieur,

Votre très-humble serviteur,
HENRI.

A Monsieur,

Monsieur Sandard, *marchand*,

demeurant à Châligner.

LETTRE DE CHANGE.

Nantes, ce

Pour 155 francs.

Monsieur,

A huit jours de vue, il vous plaira payer à monsieur N., marchand à Valencourt, ou à son ordre, la somme de deux cents francs, valeur reçue de monsieur N., que vous passerez à compte, suivant l'avis que vous en a donné.

Votre très-humble serviteur,
BALBING.

A Monsieur,

Monsieur Hubert, *marchand*,

A Angers.

LETTRE D'AVIS A UN MARCHAND.

A Délaire, ce 6 mai 1836.

Monsieur,

Je vous donne avis que je fais partir aujourd'hui, suivant votre ordre, un ballot à votre adresse marqué de
par le nommé Avril, voiturier de Vienne, dans lequel vous trouverez ce qui suit :

Vingt-huit pièces de ruban blanc, n° 4, à 4 francs la pièce, montant à. . . . . 112^f.

Six pièces de ruban noir, à 2 fr. la pièce, montant à   12

Total. . . . . 124^f.

De laquelle somme j'ai tiré lettre de change sur vous, à

huit jours de vue, à laquelle je vous prie de faire honneur,
étant,

Votre très-humble serviteur,

JEANJIN.

MANIÈRE DE DRESSER UN MÉMOIRE DE TAILLEUR.

Du 25 mai 1836.

Livré à M. Usant, menuisier, par le sieur Trompant, maître
tailleur d'habits à Nancy, y demeurant, rue Benigoud,

Quatre aunes et demie de drap pour gilet, à raison de 23 fr.
l'aune, ci.. . . . . 103ᶠ.5o
Deux aunes de raz de castor, à 6 francs l'aune, ci.   12   »
Cinq douzaines de boutons de trait, à 4 francs. .   20   »
Trois aunes de toile pour doubler, à 2 fr. l'aune.   6   »
Pour façon de la veste et du gilet..   15   »

Total. 156ᶠ.5o

Reçu le montant du présent mémoire de la somme de cent
cinquante-six francs cinquante centimes du sieur Usant.

A Nancy, ce 18 avril 1836.

TROMPANT,

Maître et marchand tailleur.

MÉMOIRE D'ÉPICIER.

*Marchandises livrées à M. N., par Neau, épicier, de-
meurant à....*

Savoir :

Mars 1ᵉʳ.   4 kilogr. de chandelle à 1 fr. 4o. 5ᶠ.6o
Id.   2 kilogr. de café moulu à 3 fr. 2o. 6, 4o
Id.   1 pain de sucre pesant 2 kilogr. 5o à 1 fr.75.   3, 2o
Avril 4.   1 kilogr. de fromage.. . . . .   2, 15
Id.   6 kilogr. de riz à 8o centimes. 4, 8o
Id.   3 kilogr. de raisins à o,75. . . . .   2, 25
Id.   2 kilogr. 5o de figues à o,8o.. . . . . . .   2, 00
Mai. 8.   5 hectogr. de thé. 3, 6o

Total.. . . . . 4oᶠ.oo

Pour acquit de la somme de quarante francs, montant réduit du présent mémoire.

A.....le.....

NEAU,

Marchand épicier.

MANIÈRE DE DRESSER ET D'ÉCRIRE CORRECTEMENT LES DÉPENSES DE CHAQUE JOUR DE LA SEMAINE.

Du samedi 1er *mai* 1836.

Quatre livres de viande, à 0,45 centimes, ci.	1f.	80
Un canard...	2	»
Six oranges...	1	20
Deux salades de chicorrée..	»	60
Un gigot de mouton..	1	20
Total...	6	80

Du lundi 2 *avril* 1836.

Légumes.	2	15
Deux poulets.	3	25
Une poitrine de veau.	1	05
Trois livres de sucre.	2	25
Total.	8	70

MANIÈRE D'ÉCRIRE LE LINGE QU'ON DONNE A BLANCHIR.

Du lundi 12 *mars* 1836.

Cinq chemises, dont deux en calicot.	0f.	45
Dix paires de draps.	2	50
Sept camisoles, dont deux garnies.	3	15
Neuf nappes fines..	4	15
Vingt serviettes	5	55
Six grands rideaux, fil et coton.	6	20
Huit taies d'oreiller..	1	20
Deux nappes et douze serviettes pour la cuisine. .	2	20
Total.	25	40

FIN.

TABLE